KB057845

멘사퍼즐 아이큐게임

• 《멘사퍼즐 아이큐게임》은 멘사코리아의 감수를 받아 출간한 영국멘사 공인 퍼즐 책입니다.

MENSA : MIND WORKOUT by Dr. Gareth Moore

멘사퍼즐 아이큐게임

MENSA PUZZLE

멘사코리아 감수

개러스 무어 지음

보누스

| 멘사 퍼즐을 풀기 전에

《멘사퍼즐 아이큐게임》을 만나러 오신 걸 환영합니다! 다채로운 200개의 문제를 푸는 동안 꽤나 흥미진진할 겁니다. 논리적 사고를 키워주는 퍼즐은 물론 숫자 감각을 깨우는 퍼즐까지 다양한 문제들을 담았답니다. 이 책에서는 우리가 자주 풀어왔던 퍼즐 유형은 물론 어떤 문제인지 파악하는 데 시간을 쏟아야 하는 퍼즐도 만날 수 있습니다. 퍼즐을 하나하나 해결해가는 동안 스스로를 시험하면서도 지적 쾌락을 느낄 수 있는 시간이 될 겁니다.

어떤 퍼즐은 문제와 그림, 단서를 여러 번 읽어야 이해가 될 겁니다. 물론 까다로워 보인다고 해서 그냥 지나치지 않길 바랍니다. 오히려 이러한 문제들이 우리 두뇌에 호기심을 불러일으키는 지적 쾌감이 되기 때문입니다. 학습 활동을 좋아하는 뇌는 새로운 도전도 즐기기 때문에 참신하고 특이한 과제일수록 해결하고 싶다는 도전 정신이 생길 겁니다. 퍼즐이 풀리지 않을 때는 조금 쉬거나 다른 문제를 풀거나 해답을 살짝 들춰본 다음 다시 풀어보세요. 시간을 아무리 쏟아도 풀리지 않던 문제가 어쩔 때는 한 번의 시도만으로 풀리기도 하니까요.

퍼즐을 풀기 시작했다면 마음껏 추론하시기 바랍니다. 뇌는 패턴을 발견하는 데 아주 능숙합니다. 규칙이 안 보이는 문제라도 다양한 각도로 다르게 생각하다 보면 패턴을 찾을 수 있습니다. 퍼즐은 그 안에 숨은 원리를 알아내고 패턴을 찾아내는 과정을 통해 뇌의 다양한 능력을 키우는 데 의의가 있습니다. 이상해 보이는 문제일지라도 뚫어져라 바라보세요. 퍼즐에 숨은 원리의 일부라도 알아낼 것이고, 이러한 활동이 논리적인 추측을 도와줄 겁니다.

이 책에 담긴 200문제는 대부분 뒤로 갈수록 난도가 높아집니다. 물론 쉬어가는 문제도 섞여 있습니다. 앞에서부터 차근차근 풀어나가도 좋고, 한 유형의 문제를 찾아 풀어도 좋습니다. 별 한 개짜리 문제를 다 푼 다음 두 개짜리 문제로 넘어가는 방법도 재밌겠지요. 한 유형의 퍼즐에서 찾아낸 원리를 다른 유형의 퍼즐에도 적용할 수 있어 퍼즐 풀이에 도움이 될 수 있다는 사실을 잊지 마세요.

퍼즐은 모두 3D 그림으로 제작되었습니다. 어떤 문제에서는 익숙한 개념인 수평과 수직, 행과 열이 어색하게 느껴질 순간도 찾아옵니다. 당황하지 마세요. 낯설게 바라보는 훈련도 두뇌 계발에 도움이 되니까요. 무엇보다 이러한 도전을 즐기시길 바랍니다!

개러스 무어 박사

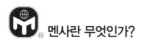 **멘사란 무엇인가?**

멘사란 '탁자'를 뜻하는 라틴어로, 지능지수 상위 2% 이내(IQ 148 이상)의 사람만 가입할 수 있는 천재들의 모임이다. 1946년 영국에서 창설되어 현재 100여 개국 이상에 14만여 명의 회원이 있다. 멘사코리아는 1998년에 문을 열었다. 멘사의 목적은 다음과 같다.

- 첫째, 인류의 이익을 위해 인간의 지능을 탐구하고 배양한다.
- 둘째, 지능의 본질과 특징, 활용처 연구에 힘쓴다.
- 셋째, 회원들에게 지적·사회적으로 자극이 될 만한 환경을 마련한다.

IQ 점수가 전체 인구의 상위 2%에 해당하는 사람은 누구든 멘사 회원이 될 수 있다. 우리가 찾고 있는 '50명 가운데 한 명'이 혹시 당신은 아닌지?

멘사 회원이 되면 다음과 같은 혜택을 누릴 수 있다.

- 국내외의 네트워크 활동과 친목 활동
- 예술에서 동물학에 이르는 각종 취미 모임
- 매달 발행되는 회원용 잡지와 해당 지역의 소식지
- 게임 경시대회, 친목 도모 등을 위한 지역 모임
- 주말마다 열리는 국내외 모임과 회의
- 지적 자극에 도움이 되는 각종 강의와 세미나
- 여행객을 위한 세계적인 네트워크인 'SIGHT' 이용 가능

멘사에 대한 좀 더 자세한 정보는 멘사코리아의 홈페이지를 참고하기 바란다.

- 홈페이지 : www.mensakorea.org

차 례

일러두기

MENSA PUZZLE

멘사퍼즐 아이큐게임

문 제

아래 칸의 각 가로줄과 세로줄에 숫자 1~5를 한 번씩만 써서 채워야 한다. 칸 사이에 있는 부등호의 규칙도 따라야 한다. 숫자를 어떻게 채워야 할까?

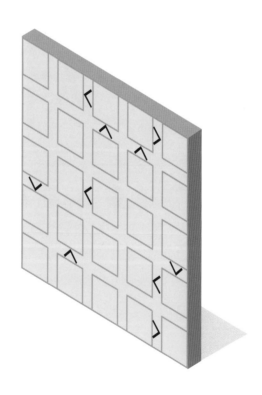

002

아래 칸에 같은 모양의 도형이 두 개씩 있다. 이들 도형은 떨어져 있는데, 같은 모양의 도형 한 개에서 출발해 나머지 도형 한 개에 도착해야 하는 문제다. 칸 하나에 길 하나만 지나갈 수 있으며 길이 서로 닿거나 교차할 수 없다. 길은 수평 또는 수직으로만 이동해야 하며 모든 빈칸에 길이 지나야 한다. 도형끼리 만날 수 있도록 길을 그려보자. 길을 어떻게 이어야 할까?

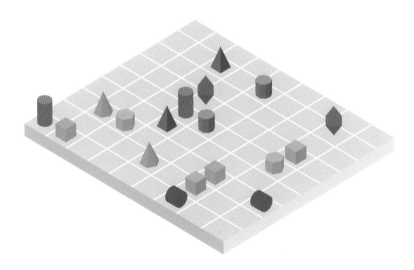

블록에 적힌 숫자는 바로 아래에 있는 두 블록에 적힌 숫자를 더한 값이다. 빈 블록에 들어갈 숫자는 무엇일까?

아래 그림에는 선과 점이 그려져 있다. 모든 선과 점이 하나도 빠짐없이 선 하나로 이어져야 한다. 선은 대각선 방향으로 이어지거나 교차할 수 없다. 선을 어떻게 그려야 할까?

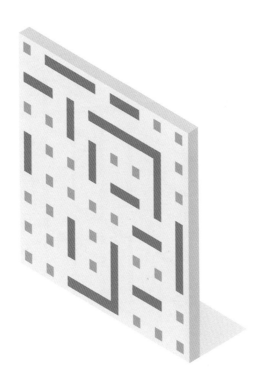

각 가로줄과 세로줄에 숫자 1~6이 한 번씩만 들어가야 한다. 또한 굵은 선으로 묶인 칸에 적힌 숫자는 해당 칸에 적힌 숫자를 계산한 값이다. 빼기와 나누기는 큰 수에서 나머지 수를 빼거나 나누면 된다. 예를 들어 두 칸 또는 세 칸으로 이어진 칸에 '2-'라 적혀 있다면 큰 수와 작은 수 또는 작은 수들을 더한 값의 차이가 2라는 뜻이다. 규칙에 맞게 칸을 채워보자. 숫자를 어떻게 채워야 할까?

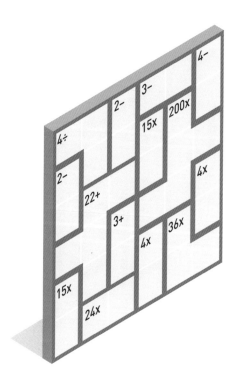

아래 그림을 같은 모양의 조각 네 개로 나눠야 한다. 단 거울에 반사했을 때 같은 모양인 조각은 같은 모양으로 간주하지 않는다. 아래 그림을 어떻게 나눠야 할까?

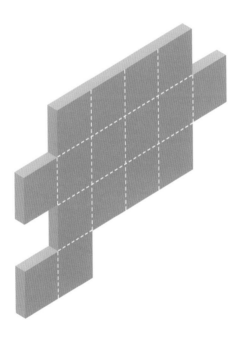

아래 칸에 구역이 나뉘어 있다. 각 구역을 서로 다른 색의 원으로 채워야 한다. 행과 열에 같은 색깔의 원이 중복해서 들어올 수 없다. 규칙에 맞게 원을 넣어보자. 원을 어떻게 배치해야 할까?

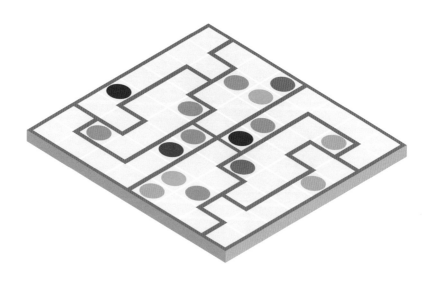

 답:213쪽

아래 칸에 뱀의 눈이 그려져 있다. 한 눈에서 출발해 다른 눈에 도착해야 한다. 이때 각 가로줄과 세로줄에 적힌 숫자는 해당 줄에서 선으로 이어진 칸의 개수(뱀의 눈 칸 포함)를 뜻한다. 예를 들어 숫자가 4라면 그 줄의 칸이 한 개, 세 개 또는 두 개, 두 개가 이어져 선 두 개로 연결되어 있거나 또는 칸 네 개가 선 하나로 연결되어 있다는 뜻이다. 선은 대각선 방향으로 이동할 수 없다. 규칙에 맞게 뱀의 눈과 눈을 이어보자. 선을 어떻게 그어야 할까?

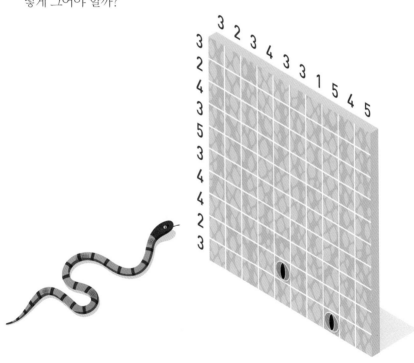

아래의 각 칸에는 탑이 세워져 있고, 칸에 들어갈 숫자는 그 탑의 높이를 나타낸다. 이때 칸 둘레에 적힌 숫자는 그 위치에서 해당 줄을 봤을 때 보이는 탑의 개수를 말한다. 예를 들어 5가 적혀 있다면 그 위치에서 줄을 봤을 때 탑이 다섯 개 보인다는 뜻이다. 탑 다섯 개가 모두 보이려면 가장 낮은 탑부터 가장 높은 탑까지 순서대로 보여야 하므로 1, 2, 3, 4, 5가 들어가야 한다. 또한 각 가로줄과 세로줄에는 숫자 1~5가 한 번씩만 들어간다. 규칙에 맞게 숫자를 넣어보자. 숫자를 어떻게 채워야 할까?

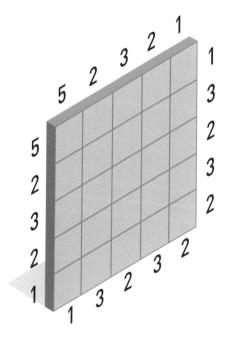

각 가로줄과 세로줄에 숫자 1~6이 한 번씩만 들어가야 한다. 각 줄에 적힌 숫자는 화살표 방향에 따라 대각선으로 이어지는 숫자들을 더한 값을 뜻한다. 숫자를 어떻게 채워야 할까?

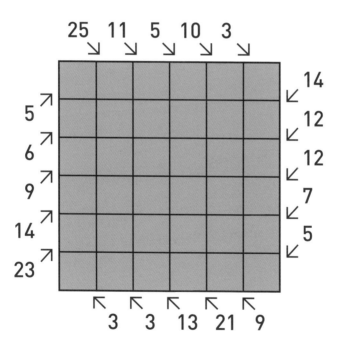

아래 숫자 표는 두 숫자를 이은 조각들이 붙어 있다. (0-0)부터 시작해 (0-1), (0-2), (0-3)~(6-4), (6-5), (6-6)까지 왼쪽 숫자 표를 활용해 조각들을 찾아보자. 조각을 어떻게 나눠야 할까?

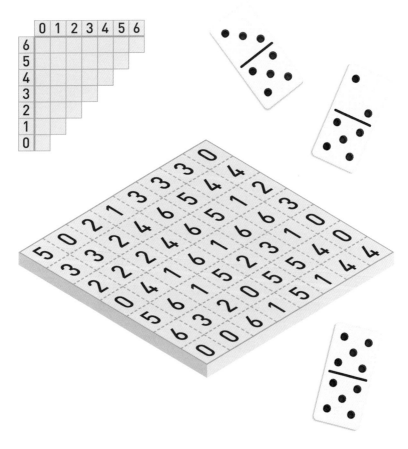

답:213쪽

012

각 가로줄과 세로줄에 A부터 F까지 알파벳이 한 번씩 들어가야 한다.
규칙에 맞게 칸을 채우려면 알파벳을 어떻게 적어야 할까?

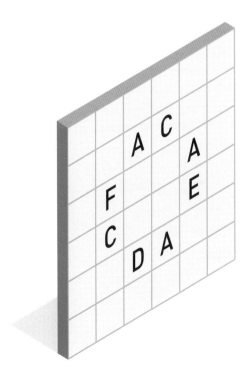

숫자는 그 숫자를 둘러싼 선의 개수를 뜻한다. 이 규칙에 맞게 점과 점을 이어 선을 그려보자. 선은 끊이지 않고 하나로 연결되어 있다. 선을 어떻게 그려야 할까?

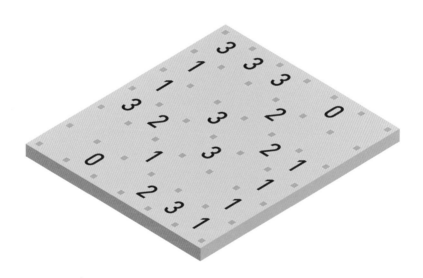

각 가로줄과 세로줄, 3×3칸(총 아홉 개)에 숫자 1~9가 한 번씩만 들어가야 한다. 칸에 그려진 원은 색깔마다 들어갈 수 있는 숫자가 정해져 있다. 1~3은 빈칸에, 4~6은 초록색 원에, 7~9는 주황색 원에 들어가야 한다. 규칙에 맞게 칸을 채우려면 숫자를 어떻게 적어야 할까?

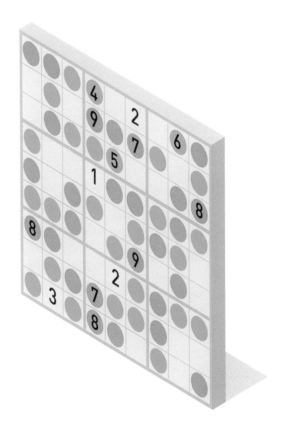

빨간색 점에서 출발해 다른 빨간색 점에 도착해야 한다. 이때 각 줄의 끝에 적힌 숫자는 해당 줄에서 선으로 이어진 점의 개수를 뜻한다. 예를 들어 숫자가 4라면 그 줄의 점이 한 개, 세 개 또는 두 개, 두 개가 이어져 선 두 개로 연결되어 있거나 또는 점 네 개가 선 하나로 연결되어 있다는 뜻이다. 규칙에 맞게 선을 그어보자. 선을 어떻게 그어야 할까?

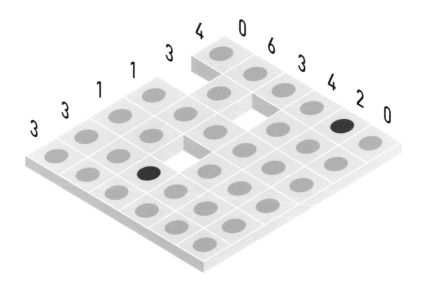

노란색 칸에 숫자 1~9를 적는 문제다. 주황색 칸에 적힌 숫자는 해당 노란색 열 또는 행(연속된 칸에 한함)에 적힌 숫자의 합이다. 예를 들어 왼쪽 위쪽에 적힌 숫자 17은 그 아래 노란색 두 칸에 적힌 숫자의 합이 17이란 뜻이다. 노란색 칸에 숫자를 어떻게 채워야 할까?

각 행과 열 끝에 숫자들이 적혀 있다. 해당 줄에 그 숫자만큼의 칸을 색 칠해야 하는 규칙이다. 숫자가 두 개 이상인 경우, 색칠한 칸들이 한 칸 이상 떨어져 있다는 뜻이다. 규칙에 따라 색을 칠하면 어떤 그림이 나타 난다. 색을 어떻게 칠해야 할까?

	1	7	2	2 2 2	1 2 2 3	2 2 3	2 2 2	2 2 2	2	7
2										
5										
2, 2										
2, 2										
1, 2, 2, 1										
1, 2, 2, 1										
1, 1										
1, 2, 1										
1, 2, 1										
2, 2, 1										

각 가로줄과 세로줄에 숫자 1~8이 한 번씩만 들어가야 한다. 칸과 칸 사이에 찍힌 분홍색, 빨간색 점은 각각 규칙이 있다. 분홍색 점으로 이어진 칸의 숫자는 1과 2처럼 연속한 숫자여야 하고, 빨간색 점으로 이어진 칸의 숫자는 2와 4처럼 한 숫자가 다른 숫자에 2를 곱한 값이 들어가야 한다. 단 1과 2가 붙어 있는 경우, 분홍색 점 또는 빨간색 점 중 한 점만 표시된다. 빈칸에 숫자를 어떻게 채워야 할까?

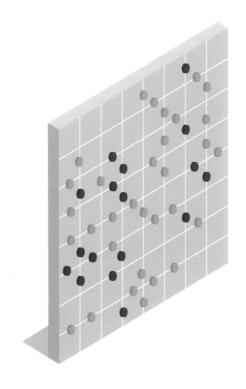

아래 그림에 그려진 원의 숫자와 색깔을 살펴보자. 원에 적힌 숫자는 그 원을 지나는 선의 개수를 뜻한다. 선은 원과 원을 이어 수평 또는 수직으로 그려야 하며 원 두 개를 잇는 선의 개수는 최대 두 개다. 모든 원이 연결되어야 한다. 선을 어떻게 그려야 할까?

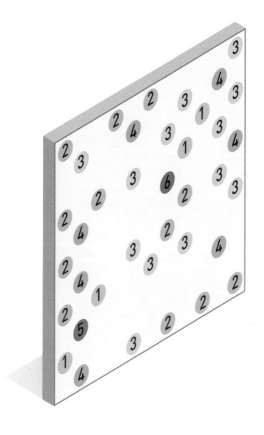

과녁 앞에 숫자들이 적혀 있다. 이 숫자들은 과녁의 각 둘레에서 숫자 하나씩을 맞혀 더한 값이다. 이 숫자들이 나오려면 숫자를 어떻게 맞혀야 할까?

아래 칸의 각 가로줄과 세로줄에 숫자 1~5를 한 번씩만 써서 채워야 한다. 칸 사이에 있는 부등호의 규칙도 따라야 한다. 숫자를 어떻게 채워야 할까?

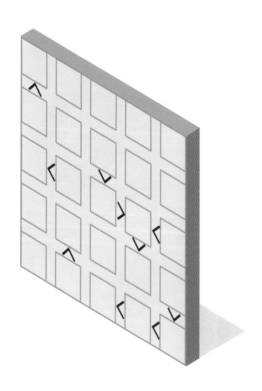

아래 칸에 같은 모양의 도형이 두 개씩 있다. 이들 도형은 떨어져 있는데, 같은 모양의 도형 한 개에서 출발해 나머지 도형 한 개에 도착해야하는 문제다. 칸 하나에 길 하나만 지나갈 수 있으며 길이 서로 닿거나교차할 수 없다. 길은 수평 또는 수직으로만 이동해야 하며 모든 빈칸에길이 지나야 한다. 도형끼리 만날 수 있도록 길을 그려보자. 길을 어떻게이어야 할까?

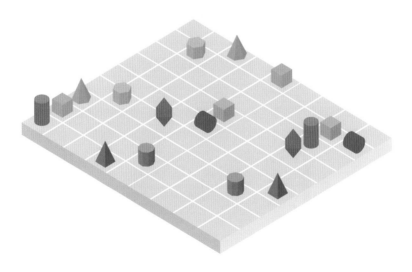

블록에 적힌 숫자는 바로 아래에 있는 두 블록에 적힌 숫자를 더한 값이
다. 빈 블록에 들어갈 숫자는 무엇일까?

아래 그림에는 선과 점이 그려져 있다. 모든 선과 점이 하나도 빠짐없이 선 하나로 이어져야 한다. 선은 대각선 방향으로 이어지거나 교차할 수 없다. 선을 어떻게 그려야 할까?

025

각 가로줄과 세로줄에 숫자 1~6이 한 번씩만 들어가야 한다. 또한 굵은 선으로 묶인 칸에 적힌 숫자는 해당 칸에 적힌 숫자를 계산한 값이다. 빼기와 나누기는 큰 수에서 나머지 수를 빼거나 나누면 된다. 예를 들어 두 칸 또는 세 칸으로 이어진 칸에 '5-'라 적혀 있다면 큰 수와 작은 수 또는 작은 수들을 더한 값의 차이가 5라는 뜻이다. 규칙에 맞게 칸을 채워보자. 숫자를 어떻게 채워야 할까?

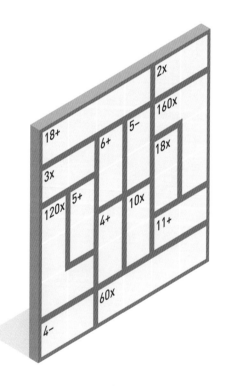

아래 그림을 같은 모양의 조각 네 개로 나눠야 한다. 단 거울에 반사했을 때 같은 모양인 조각은 같은 모양으로 간주하지 않는다. 아래 그림을 어떻게 나눠야 할까?

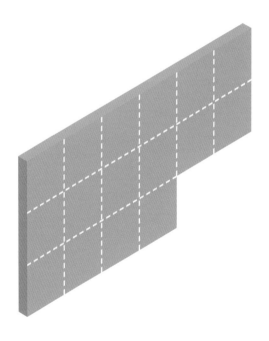

아래 칸에 구역이 나뉘어 있다. 각 구역을 서로 다른 색의 원으로 채워야한다. 행과 열에 같은 색깔의 원이 중복해서 들어올 수 없다. 규칙에 맞게 원을 넣어보자. 원을 어떻게 배치해야 할까?

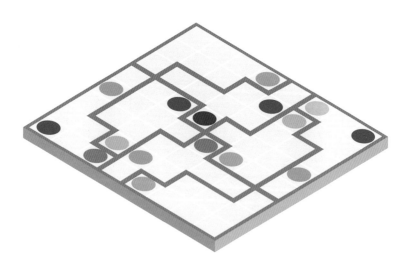

아래 칸에 뱀의 눈이 그려져 있다. 한 눈에서 출발해 다른 눈에 도착해야 한다. 이때 각 가로줄과 세로줄에 적힌 숫자는 해당 줄에서 선으로 이어진 칸의 개수(뱀의 눈 칸 포함)를 뜻한다. 예를 들어 숫자가 4라면 그 줄의 칸이 한 개, 세 개 또는 두 개, 두 개가 이어져 선 두 개로 연결되어 있거나 또는 칸 네 개가 선 하나로 연결되어 있다는 뜻이다. 선은 대각선 방향으로 이동할 수 없다. 규칙에 맞게 뱀의 눈과 눈을 이어보자. 선을 어떻게 그어야 할까?

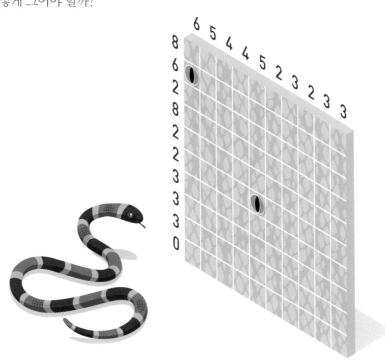

아래의 각 칸에는 탑이 세워져 있고, 칸에 들어갈 숫자는 그 탑의 높이를 나타낸다. 이때 칸 둘레에 적힌 숫자는 그 위치에서 해당 줄을 봤을 때 보이는 탑의 개수를 말한다. 예를 들어 5가 적혀 있다면 그 위치에서 줄을 봤을 때 탑이 다섯 개 보인다는 뜻이다. 탑 다섯 개가 모두 보이려면 가장 낮은 탑부터 가장 높은 탑까지 순서대로 보여야 하므로 1, 2, 3, 4, 5가 들어가야 한다. 또한 각 가로줄과 세로줄에는 숫자 1~5가 한 번씩만 들어간다. 규칙에 맞게 숫자를 넣어보자. 숫자를 어떻게 채워야 할까?

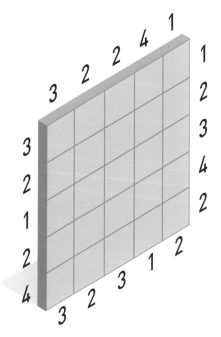

각 가로줄과 세로줄에 숫자 1~6이 한 번씩만 들어가야 한다. 각 줄에
적힌 숫자는 화살표 방향에 따라 대각선으로 이어지는 숫자들을 더한 값
을 뜻한다. 숫자를 어떻게 채워야 할까?

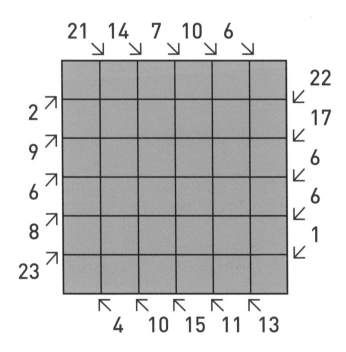

아래 숫자 표는 두 숫자를 이은 조각들이 붙어 있다. (0-0)부터 시작해 (0-1), (0-2), (0-3)~(6-4), (6-5), (6-6)까지 왼쪽 숫자 표를 활용해 조각들을 찾아보자. 조각을 어떻게 나눠야 할까?

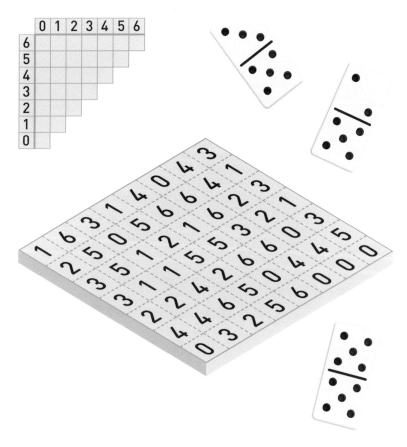

각 가로줄과 세로줄에 A부터 F까지 알파벳이 한 번씩 들어가야 한다.
규칙에 맞게 칸을 채우려면 알파벳을 어떻게 적어야 할까?

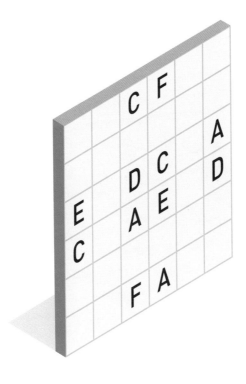

숫자는 그 숫자를 둘러싼 선의 개수를 뜻한다. 이 규칙에 맞게 점과 점을 이어 선을 그려보자. 선은 끊이지 않고 하나로 연결되어 있다. 선을 어떻게 그려야 할까?

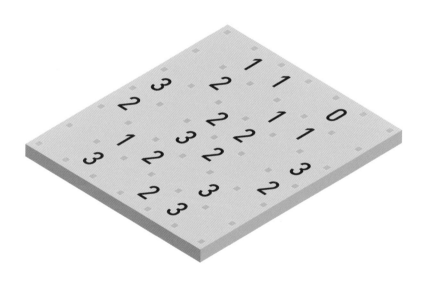

각 가로줄과 세로줄, 3×3칸(총 아홉 개)에 숫자 1~9가 한 번씩만 들어가야 한다. 칸에 그려진 원은 색깔마다 들어갈 수 있는 숫자가 정해져 있다. 1~3은 빈칸에, 4~6은 초록색 원에, 7~9는 주황색 원에 들어가야한다. 규칙에 맞게 칸을 채우려면 숫자를 어떻게 적어야 할까?

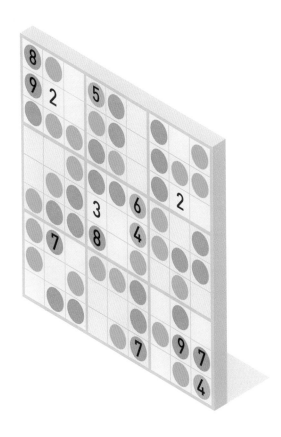

빨간색 점에서 출발해 다른 빨간색 점에 도착해야 한다. 이때 각 줄의 끝에 적힌 숫자는 해당 줄에서 선으로 이어진 점의 개수(빨간색 점도 포함)를 뜻한다. 예를 들어 숫자가 4라면 그 줄의 점이 한 개, 세 개 또는 두개, 두 개가 이어져 선 두 개로 연결되어 있거나 또는 점 네 개가 선 하나로 연결되어 있다는 뜻이다. 규칙에 맞게 선을 그어보자. 선을 어떻게 그어야 할까?

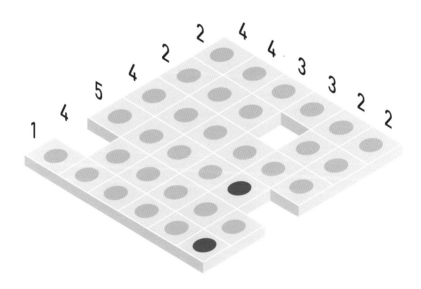

노란색 칸에 숫자 1~9를 적는 문제다. 주황색 칸에 적힌 숫자는 해당
노란색 열 또는 행(연속된 칸에 한함)에 적힌 숫자의 합이다. 예를 들어 왼
쪽 위쪽에 적힌 숫자 10은 그 아래 노란색 세 칸에 적힌 숫자의 합이 10
이란 뜻이다. 노란색 칸에 숫자를 어떻게 채워야 할까?

037

각 행과 열 끝에 숫자들이 적혀 있다. 해당 줄에 그 숫자만큼의 칸을 색 칠해야 하는 규칙이다. 숫자가 두 개 이상인 경우, 색칠한 칸들이 한 칸 이상 떨어져 있다는 뜻이다. 규칙에 따라 색을 칠하면 어떤 그림이 나타 난다. 색을 어떻게 칠해야 할까?

	2 5	1 2	2 2	2 2	2 2	2 2	1 2	2 2	5
3, 3									
2, 4, 2									
1, 2, 1									
1, 1									
1, 1									
2, 2									
2, 2									
2, 2									
4									
2									

각 가로줄과 세로줄에 숫자 1~8이 한 번씩만 들어가야 한다. 칸과 칸 사이에 찍힌 분홍색, 빨간색 점은 각각 규칙이 있다. 분홍색 점으로 이어진 칸의 숫자는 1과 2처럼 연속한 숫자여야 하고, 빨간색 점으로 이어진 칸의 숫자는 2와 4처럼 한 숫자가 다른 숫자에 2를 곱한 값이 들어가야 한다. 단 1과 2가 붙어 있는 경우, 분홍색 점 또는 빨간색 점 중 한 점만 표시된다. 빈칸에 숫자를 어떻게 채워야 할까?

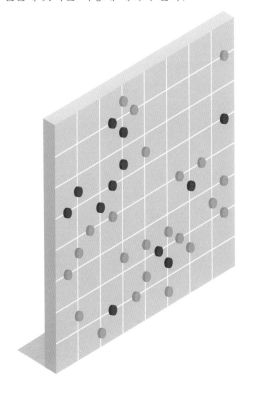

아래 그림에 그려진 원의 숫자와 색깔을 살펴보자. 원에 적힌 숫자는 그 원을 지나는 선의 개수를 뜻한다. 선은 원과 원을 이어 수평 또는 수직으로 그려야 하며 원 두 개를 잇는 선의 개수는 최대 두 개다. 모든 원이 연결되어야 한다. 선을 어떻게 그려야 할까?

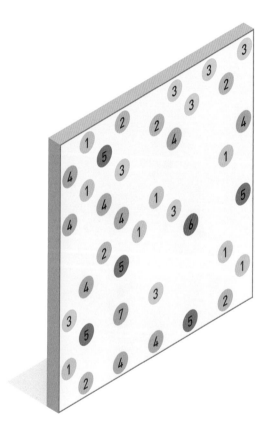

040

과녁 앞에 숫자들이 적혀 있다. 이 숫자들은 과녁의 각 둘레에서 숫자 하나씩을 맞혀 더한 값이다. 이 숫자들이 나오려면 숫자를 어떻게 맞혀야 할까?

아래 칸의 각 가로줄과 세로줄에 숫자 1~6을 한 번씩만 써서 채워야 한다. 칸 사이에 있는 부등호의 규칙도 따라야 한다. 숫자를 어떻게 채워야 할까?

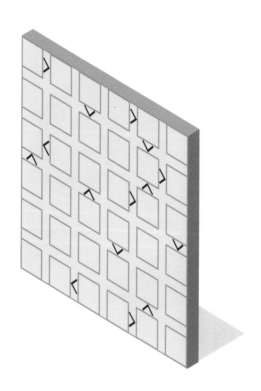

각 가로줄과 세로줄, 3×3칸(총 아홉 개)에 숫자 1~9가 한 번씩만 들어가야 한다. 칸에 그려진 원은 색깔마다 들어갈 수 있는 숫자가 정해져 있다. 1~3은 빈칸에, 4~6은 초록색 원에, 7~9는 주황색 원에 들어가야 한다. 규칙에 맞게 칸을 채우려면 숫자를 어떻게 적어야 할까?

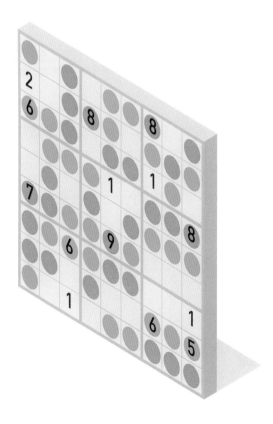

블록에 적힌 숫자는 바로 아래에 있는 두 블록에 적힌 숫자를 더한 값이다. 빈 블록에 들어갈 숫자는 무엇일까?

아래 그림에는 선과 점이 그려져 있다. 모든 선과 점이 하나도 빠짐없이 선 하나로 이어져야 한다. 선은 대각선 방향으로 이어지거나 교차할 수 없다. 선을 어떻게 그려야 할까?

각 가로줄과 세로줄에 숫자 1~7이 한 번씩만 들어가야 한다. 또한 굵은 선으로 묶인 칸에 적힌 숫자는 해당 칸에 적힌 숫자를 계산한 값이다. 빼기와 나누기는 큰 수에서 나머지 수를 빼거나 나누면 된다. 예를 들어 두 칸 또는 세 칸으로 이어진 칸에 '1-'라 적혀 있다면 큰 수와 작은 수 또는 작은 수들을 더한 값의 차이가 1이라는 뜻이다. 규칙에 맞게 칸을 채워보자. 숫자를 어떻게 채워야 할까?

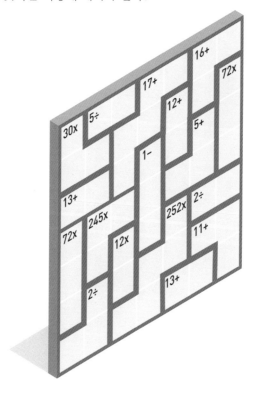

각 가로줄과 세로줄에 숫자 1~6이 한 번씩만 들어가야 한다. 각 줄에 적힌 숫자는 화살표 방향에 따라 대각선으로 이어지는 숫자들을 더한 값을 뜻한다. 숫자를 어떻게 채워야 할까?

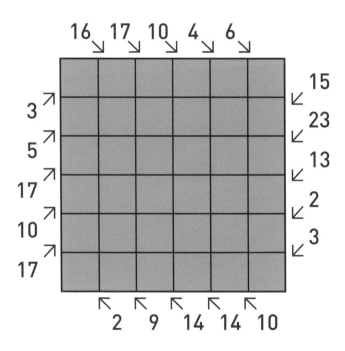

아래 칸에 구역이 나뉘어 있다. 각 구역을 서로 다른 색의 원으로 채워야 한다. 행과 열에 같은 색깔의 원이 중복해서 들어올 수 없다. 규칙에 맞게 원을 넣어보자. 원을 어떻게 배치해야 할까?

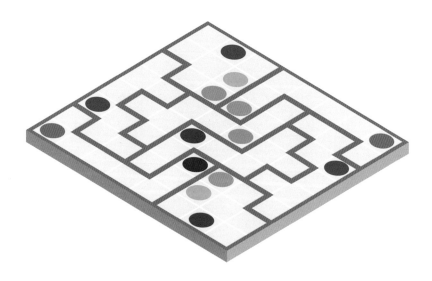

048

아래 칸에 뱀의 눈이 그려져 있다. 한 눈에서 출발해 다른 눈에 도착해야 한다. 이때 각 가로줄과 세로줄에 적힌 숫자는 해당 줄에서 선으로 이어진 칸의 개수(뱀의 눈 칸 포함)를 뜻한다. 예를 들어 숫자가 4라면 그 줄의 칸이 한 개, 세 개 또는 두 개, 두 개가 이어져 선 두 개로 연결되어 있거나 또는 칸 네 개가 선 하나로 연결되어 있다는 뜻이다. 선은 대각선 방향으로 이동할 수 없다. 규칙에 맞게 뱀의 눈과 눈을 이어보자. 선을 어떻게 그어야 할까?

숫자는 그 숫자를 둘러싼 선의 개수를 뜻한다. 이 규칙에 맞게 점과 점을 이어 선을 그려보자. 선은 끊이지 않고 하나로 연결되어 있다. 선을 어떻게 그려야 할까?

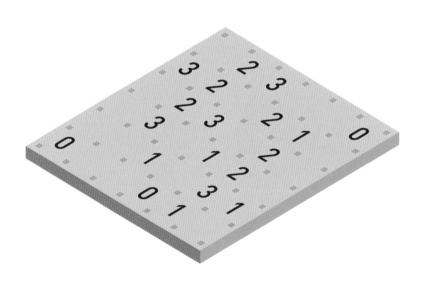

아래 칸에 같은 모양의 도형이 두 개씩 있다. 이들 도형은 떨어져 있는데, 같은 모양의 도형 한 개에서 출발해 나머지 도형 한 개에 도착해야하는 문제다. 칸 하나에 길 하나만 지나갈 수 있으며 길이 서로 닿거나교차할 수 없다. 길은 수평 또는 수직으로만 이동해야 하며 모든 빈칸에길이 지나야 한다. 도형끼리 만날 수 있도록 길을 그려보자. 길을 어떻게이어야 할까?

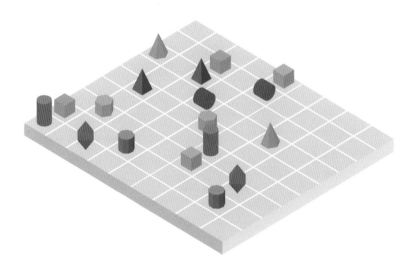

빨간색 점에서 출발해 다른 빨간색 점에 도착해야 한다. 이때 각 줄의 끝에 적힌 숫자는 해당 줄에서 선으로 이어진 점의 개수(빨간색 점도 포함)를 뜻한다. 예를 들어 숫자가 2라면 그 줄의 점이 한 개, 한 개 또는 점 두 개가 선 하나로 연결되어 있다는 뜻이다. 규칙에 맞게 선을 그어보자. 선을 어떻게 그어야 할까?

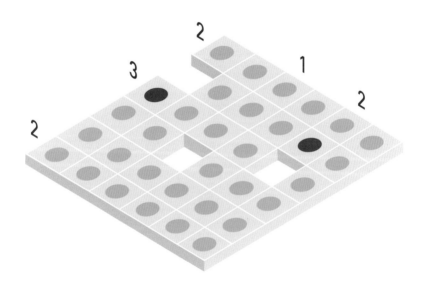

아래의 각 칸에는 탑이 세워져 있고, 칸에 들어갈 숫자는 그 탑의 높이를 나타낸다. 이때 칸 둘레에 적힌 숫자는 그 위치에서 해당 줄을 봤을 때 보이는 탑의 개수를 말한다. 예를 들어 5가 적혀 있다면 그 위치에서 줄을 봤을 때 탑이 다섯 개 보인다는 뜻이다. 탑 다섯 개가 모두 보이려면 가장 낮은 탑부터 가장 높은 탑까지 순서대로 보여야 하므로 1, 2, 3, 4, 5가 들어가야 한다. 또한 각 가로줄과 세로줄에는 숫자 1~5가 한 번씩만 들어간다. 규칙에 맞게 숫자를 넣어보자. 숫자를 어떻게 채워야 할까?

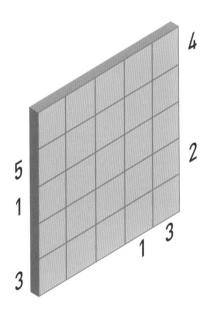

각 가로줄과 세로줄에 A부터 G까지 알파벳이 한 번씩 들어가야 한다.
규칙에 맞게 칸을 채우려면 알파벳을 어떻게 적어야 할까?

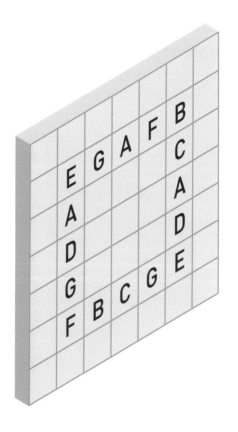

아래 숫자 표는 두 숫자를 이은 조각들이 붙어 있다. (0-0)부터 시작해 (0-1), (0-2), (0-3)~(6-4), (6-5), (6-6)까지 왼쪽 숫자 표를 활용해 조각들을 찾아보자. 조각을 어떻게 나눠야 할까?

아래 그림을 같은 모양의 조각 네 개로 나눠야 한다. 단 거울에 반사했을 때 같은 모양인 조각은 같은 모양으로 간주하지 않는다. 아래 그림을 어떻게 나눠야 할까?

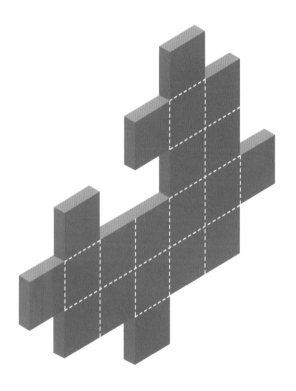

각 가로줄과 세로줄에 숫자 1~8이 한 번씩만 들어가야 한다. 칸과 칸 사이에 찍힌 분홍색, 빨간색 점은 각각 규칙이 있다. 분홍색 점으로 이어진 칸의 숫자는 1과 2처럼 연속한 숫자여야 하고, 빨간색 점으로 이어진 칸의 숫자는 2와 4처럼 한 숫자가 다른 숫자에 2를 곱한 값이 들어가야 한다. 단 1과 2가 붙어 있는 경우, 분홍색 점 또는 빨간색 점 중 한 점만 표시된다. 빈칸에 숫자를 어떻게 채워야 할까?

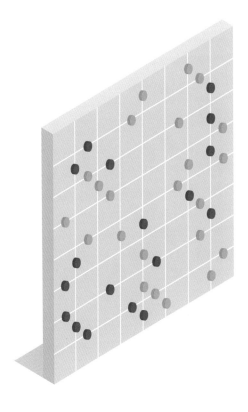

아래 그림에 그려진 원의 숫자와 색깔을 살펴보자. 원에 적힌 숫자는 그 원을 지나는 선의 개수를 뜻한다. 선은 원과 원을 이어 수평 또는 수직으로 그려야 하며 원 두 개를 잇는 선의 개수는 최대 두 개다. 모든 원이 연결되어야 한다. 선을 어떻게 그려야 할까?

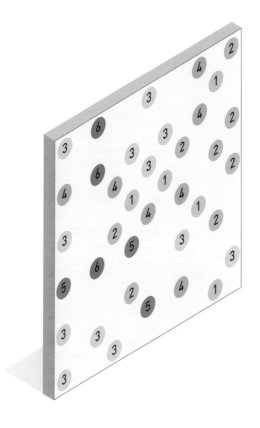

과녁 앞에 숫자들이 적혀 있다. 이 숫자들은 과녁의 각 둘레에서 숫자 하나씩을 맞혀 더한 값이다. 이 숫자들이 나오려면 숫자를 어떻게 맞혀야 할까?

노란색 칸에 숫자 1~9를 적는 문제다. 주황색 칸에 적힌 숫자는 해당 노란색 열 또는 행(연속된 칸에 한함)에 적힌 숫자의 합이다. 예를 들어 왼쪽 위쪽에 적힌 숫자 3은 그 아래 노란색 두 칸에 적힌 숫자의 합이 3이란 뜻이다. 노란색 칸에 숫자를 어떻게 채워야 할까?

각 행과 열 끝에 숫자들이 적혀 있다. 해당 줄에 그 숫자만큼의 칸을 색칠해야 하는 규칙이다. 숫자가 두 개 이상인 경우, 색칠한 칸들이 한 칸 이상 떨어져 있다는 뜻이다. 규칙에 따라 색을 칠하면 어떤 그림이 나타난다. 색을 어떻게 칠해야 할까?

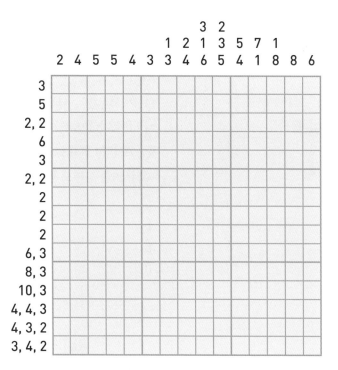

아래 칸의 각 가로줄과 세로줄에 숫자 1~6을 한 번씩만 써서 채워야 한다. 칸 사이에 있는 부등호의 규칙도 따라야 한다. 숫자를 어떻게 채워야 할까?

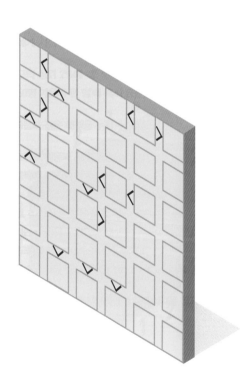

각 가로줄과 세로줄, 3×3칸(총 아홉 개)에 숫자 1~9가 한 번씩만 들어가야 한다. 칸에 그려진 원은 색깔마다 들어갈 수 있는 숫자가 정해져 있다. 1~3은 빈칸에, 4~6은 초록색 원에, 7~9는 주황색 원에 들어가야 한다. 규칙에 맞게 칸을 채우려면 숫자를 어떻게 적어야 할까?

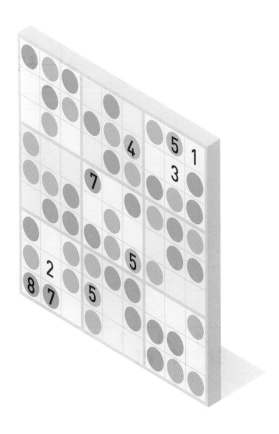

블록에 적힌 숫자는 바로 아래에 있는 두 블록에 적힌 숫자를 더한 값이다. 빈 블록에 들어갈 숫자는 무엇일까?

답:220쪽

아래 그림에는 선과 점이 그려져 있다. 모든 선과 점이 하나도 빠짐없이 선 하나로 이어져야 한다. 선은 대각선 방향으로 이어지거나 교차할 수 없다. 선을 어떻게 그려야 할까?

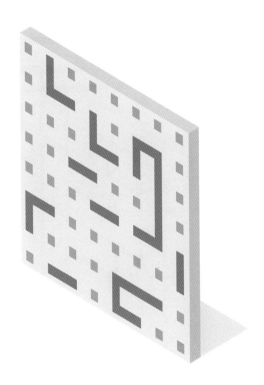

065

각 가로줄과 세로줄에 숫자 1~7이 한 번씩만 들어가야 한다. 또한 굵은 선으로 묶인 칸에 적힌 숫자는 해당 칸에 적힌 숫자를 계산한 값이다. 빼기와 나누기는 큰 수에서 나머지 수를 빼거나 나누면 된다. 예를 들어 두 칸 또는 세 칸으로 이어진 칸에 '1-'라 적혀 있다면 큰 수와 작은 수 또는 작은 수들을 더한 값의 차이가 1이라는 뜻이다. 규칙에 맞게 칸을 채워 보자. 숫자를 어떻게 채워야 할까?

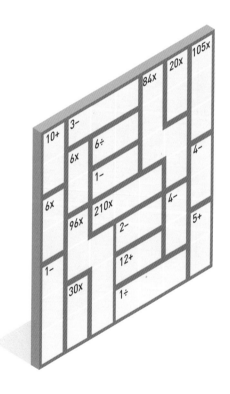

각 가로줄과 세로줄에 숫자 1~6이 한 번씩만 들어가야 한다. 각 줄에
적힌 숫자는 화살표 방향에 따라 대각선으로 이어지는 숫자들을 더한 값
을 뜻한다. 숫자를 어떻게 채워야 할까?

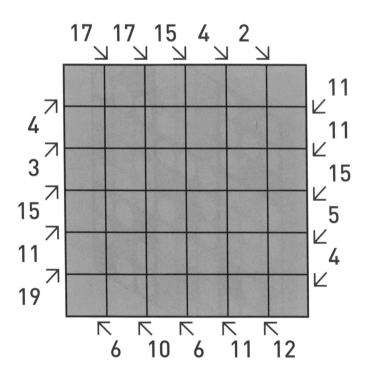

아래 칸에 구역이 나뉘어 있다. 각 구역을 서로 다른 색의 원으로 채워야 한다. 행과 열에 같은 색깔의 원이 중복해서 들어올 수 없다. 규칙에 맞게 원을 넣어보자. 원을 어떻게 배치해야 할까?

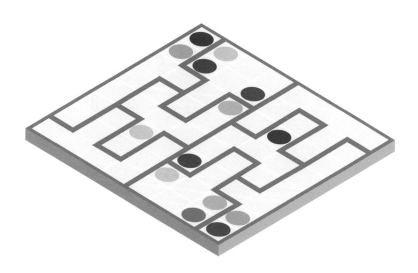

아래 칸에 뱀의 눈이 그려져 있다. 한 눈에서 출발해 다른 눈에 도착해야 한다. 이때 각 가로줄과 세로줄에 적힌 숫자는 해당 줄에서 선으로 이어진 칸의 개수(뱀의 눈 칸 포함)를 뜻한다. 예를 들어 숫자가 4라면 그 줄의 칸이 한 개, 세 개 또는 두 개, 두 개가 이어져 선 두 개로 연결되어 있거나 또는 칸 네 개가 선 하나로 연결되어 있다는 뜻이다. 선은 대각선 방향으로 이동할 수 없다. 규칙에 맞게 뱀의 눈과 눈을 이어보자. 선을 어떻게 그어야 할까?

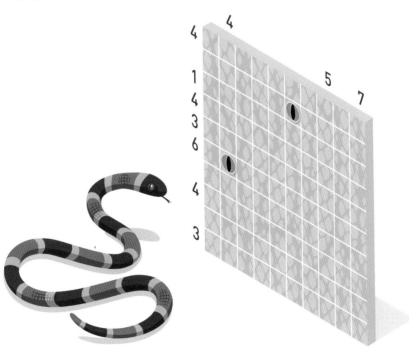

숫자는 그 숫자를 둘러싼 선의 개수를 뜻한다. 이 규칙에 맞게 점과 점을 이어 선을 그려보자. 선은 끊이지 않고 하나로 연결되어 있다. 선을 어떻게 그려야 할까?

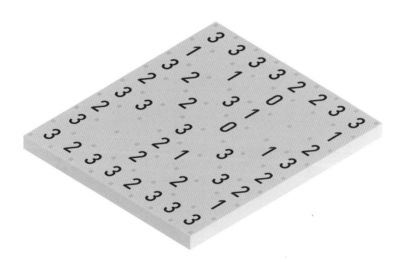

아래 칸에 같은 모양의 도형이 두 개씩 있다. 이들 도형은 떨어져 있는데, 같은 모양의 도형 한 개에서 출발해 나머지 도형 한 개에 도착해야 하는 문제다. 칸 하나에 길 하나만 지나갈 수 있으며 길이 서로 닿거나 교차할 수 없다. 길은 수평 또는 수직으로만 이동해야 하며 모든 빈칸에 길이 지나야 한다. 도형끼리 만날 수 있도록 길을 그려보자. 길을 어떻게 이어야 할까?

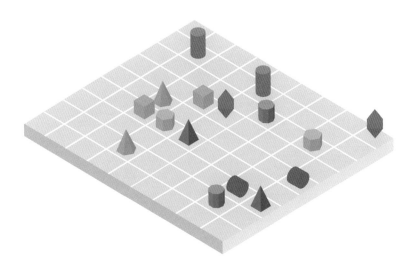

빨간색 점에서 출발해 다른 빨간색 점에 도착해야 한다. 이때 각 줄의 끝에 적힌 숫자는 해당 줄에서 선으로 이어진 점의 개수(빨간색 점도 포함)를 뜻한다. 예를 들어 숫자가 4라면 그 줄의 점이 한 개, 세 개 또는 두 개, 두 개가 이어져 선 두 개로 연결되어 있거나 또는 점 네 개가 선 하나로 연결되어 있다는 뜻이다. 규칙에 맞게 선을 그어보자. 선을 어떻게 그어야 할까?

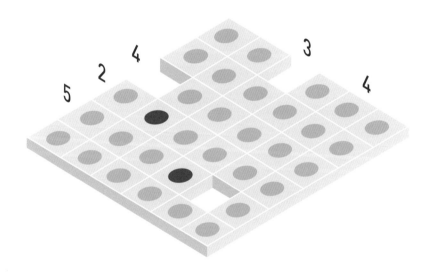

아래의 각 칸에는 탑이 세워져 있고, 칸에 들어갈 숫자는 그 탑의 높이를 나타낸다. 이때 칸 둘레에 적힌 숫자는 그 위치에서 해당 줄을 봤을 때 보이는 탑의 개수를 말한다. 예를 들어 5가 적혀 있다면 그 위치에서 줄을 봤을 때 탑이 다섯 개 보인다는 뜻이다. 탑 다섯 개가 모두 보이려면 가장 낮은 탑부터 가장 높은 탑까지 순서대로 보여야 하므로 1, 2, 3, 4, 5가 들어가야 한다. 또한 각 가로줄과 세로줄에는 숫자 1~5가 한 번씩만 들어간다. 규칙에 맞게 숫자를 넣어보자. 숫자를 어떻게 채워야 할까?

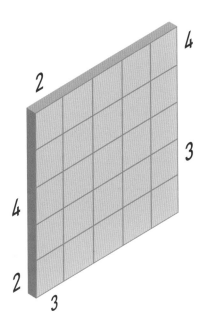

각 가로줄과 세로줄에 A부터 G까지 알파벳이 한 번씩 들어가야 한다.
규칙에 맞게 칸을 채우려면 알파벳을 어떻게 적어야 할까?

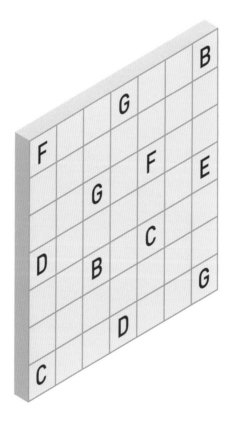

아래 숫자 표는 두 숫자를 이은 조각들이 붙어 있다. (0-0)부터 시작해
(0-1), (0-2), (0-3)~(6-4), (6-5), (6-6)까지 왼쪽 숫자 표를 활용해
조각들을 찾아보자. 조각을 어떻게 나눠야 할까?

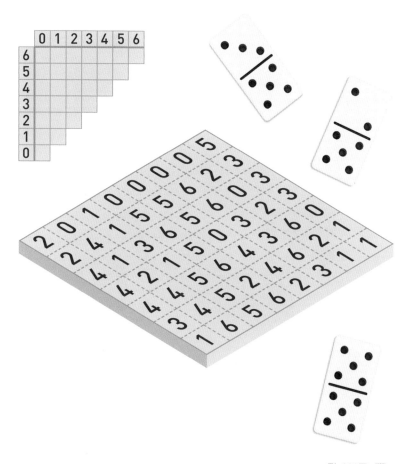

아래 그림을 같은 모양의 조각 세 개로 나눠야 한다. 단 거울에 반사했을 때 같은 모양인 조각은 같은 모양으로 간주하지 않는다. 아래 그림을 어떻게 나눠야 할까?

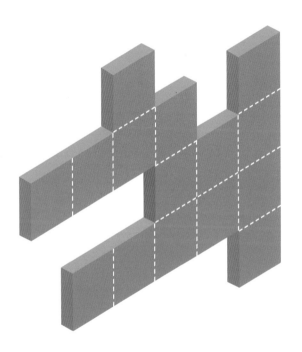

각 가로줄과 세로줄에 숫자 1~8이 한 번씩만 들어가야 한다. 칸과 칸 사이에 찍힌 분홍색, 빨간색 점은 각각 규칙이 있다. 분홍색 점으로 이어진 칸의 숫자는 1과 2처럼 연속한 숫자여야 하고, 빨간색 점으로 이어진 칸의 숫자는 2와 4처럼 한 숫자가 다른 숫자에 2를 곱한 값이 들어가야 한다. 단 1과 2가 붙어 있는 경우, 분홍색 점 또는 빨간색 점 중 한 점만 표시된다. 빈칸에 숫자를 어떻게 채워야 할까?

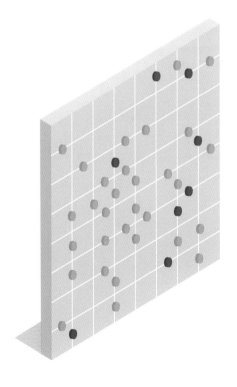

아래 그림에 그려진 원의 숫자와 색깔을 살펴보자. 원에 적힌 숫자는 그 원을 지나는 선의 개수를 뜻한다. 선은 원과 원을 이어 수평 또는 수직으로 그려야 하며 원 두 개를 잇는 선의 개수는 최대 두 개다. 모든 원이 연결되어야 한다. 선을 어떻게 그려야 할까?

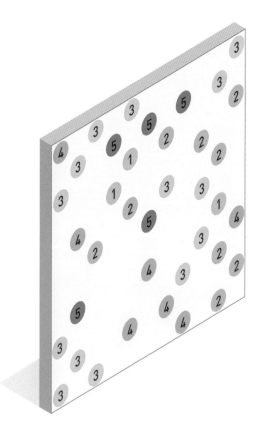

078

과녁 앞에 숫자들이 적혀 있다. 이 숫자들은 과녁의 각 둘레에서 숫자 하나씩을 맞혀 더한 값이다. 이 숫자들이 나오려면 숫자를 어떻게 맞혀야 할까?

답:222쪽

노란색 칸에 숫자 1~9를 적는 문제다. 주황색 칸에 적힌 숫자는 해당
노란색 열 또는 행(연속된 칸에 한함)에 적힌 숫자의 합이다. 예를 들어 왼
쪽 위쪽에 적힌 숫자 11은 그 아래 노란색 두 칸에 적힌 숫자의 합이 11
이란 뜻이다. 노란색 칸에 숫자를 어떻게 채워야 할까?

각 행과 열 끝에 숫자들이 적혀 있다. 해당 줄에 그 숫자만큼의 칸을 색칠해야 하는 규칙이다. 숫자가 두 개 이상인 경우, 색칠한 칸들이 한 칸 이상 떨어져 있다는 뜻이다. 규칙에 따라 색을 칠하면 어떤 그림이 나타난다. 색을 어떻게 칠해야 할까?

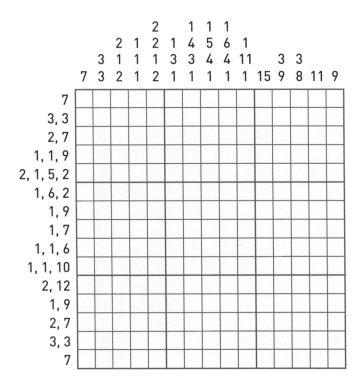

아래 칸의 각 가로줄과 세로줄에 숫자 1~6을 한 번씩만 써서 채워야 한
다. 칸 사이에 있는 부등호의 규칙도 따라야 한다. 숫자를 어떻게 채워야
할까?

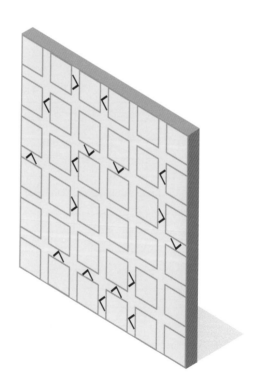

아래 칸에 같은 모양의 도형이 두 개씩 있다. 이들 도형은 떨어져 있는데, 같은 모양의 도형 한 개에서 출발해 나머지 도형 한 개에 도착해야 하는 문제다. 칸 하나에 길 하나만 지나갈 수 있으며 길이 서로 닿거나 교차할 수 없다. 길은 수평 또는 수직으로만 이동해야 하며 모든 빈칸에 길이 지나야 한다. 도형끼리 만날 수 있도록 길을 그려보자. 길을 어떻게 이어야 할까?

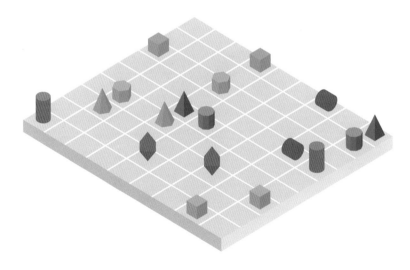

블록에 적힌 숫자는 바로 아래에 있는 두 블록에 적힌 숫자를 더한 값이
다. 빈 블록에 들어갈 숫자는 무엇일까?

아래 그림에는 선과 점이 그려져 있다. 모든 선과 점이 하나도 빠짐없이 선 하나로 이어져야 한다. 선은 대각선 방향으로 이어지거나 교차할 수 없다. 선을 어떻게 그려야 할까?

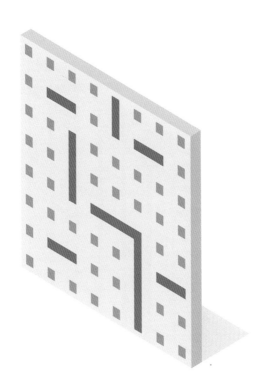

답:223쪽

각 가로줄과 세로줄에 숫자 1~7이 한 번씩만 들어가야 한다. 또한 굵은 선으로 묶인 칸에 적힌 숫자는 해당 칸에 적힌 숫자를 계산한 값이다. 빼기와 나누기는 큰 수에서 나머지 수를 빼거나 나누면 된다. 예를 들어 두 칸 또는 세 칸으로 이어진 칸에 '3-'라 적혀 있다면 큰 수와 작은 수 또는 작은 수들을 더한 값의 차이가 3이라는 뜻이다. 규칙에 맞게 칸을 채워 보자. 숫자를 어떻게 채워야 할까?

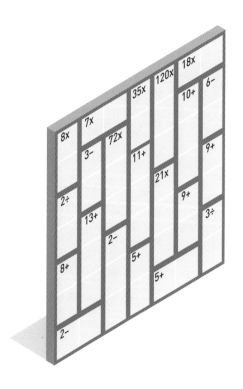

각 가로줄과 세로줄에 숫자 1~6이 한 번씩만 들어가야 한다. 각 줄에
적힌 숫자는 화살표 방향에 따라 대각선으로 이어지는 숫자들을 더한 값
을 뜻한다. 숫자를 어떻게 채워야 할까?

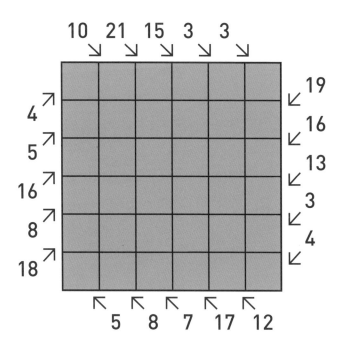

아래 칸에 구역이 나뉘어 있다. 각 구역을 서로 다른 색의 원으로 채워야 한다. 행과 열에 같은 색깔의 원이 중복해서 들어올 수 없다. 규칙에 맞게 원을 넣어보자. 원을 어떻게 배치해야 할까?

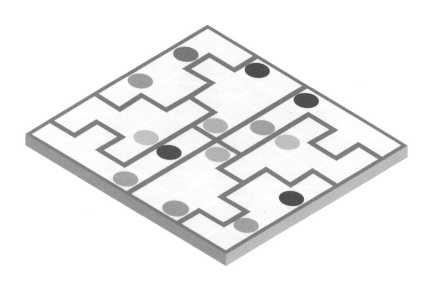

아래 칸에 뱀의 눈이 그려져 있다. 한 눈에서 출발해 다른 눈에 도착해야한다. 이때 각 가로줄과 세로줄에 적힌 숫자는 해당 줄에서 선으로 이어진 칸의 개수(뱀의 눈 칸 포함)를 뜻한다. 예를 들어 숫자가 4라면 그 줄의 칸이 한 개, 세 개 또는 두 개, 두 개가 이어져 선 두 개로 연결되어 있거나 또는 칸 네 개가 선 하나로 연결되어 있다는 뜻이다. 선은 대각선 방향으로 이동할 수 없다. 규칙에 맞게 뱀의 눈과 눈을 이어보자. 선을 어떻게 그어야 할까?

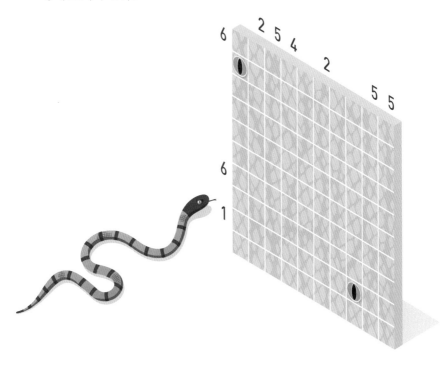

아래의 각 칸에는 탑이 세워져 있고, 칸에 들어갈 숫자는 그 탑의 높이를 나타낸다. 이때 칸 둘레에 적힌 숫자는 그 위치에서 해당 줄을 봤을 때 보이는 탑의 개수를 말한다. 예를 들어 5가 적혀 있다면 그 위치에서 줄을 봤을 때 탑이 다섯 개 보인다는 뜻이다. 탑 다섯 개가 모두 보이려면 가장 낮은 탑부터 가장 높은 탑까지 순서대로 보여야 하므로 1, 2, 3, 4, 5가 들어가야 한다. 또한 각 가로줄과 세로줄에는 숫자 1~5가 한 번씩만 들어간다. 규칙에 맞게 숫자를 넣어보자. 숫자를 어떻게 채워야 할까?

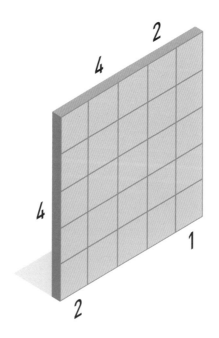

아래 그림을 같은 모양의 조각 네 개로 나눠야 한다. 단 거울에 반사했을 때 같은 모양인 조각은 같은 모양으로 간주하지 않는다. 아래 그림을 어떻게 나눠야 할까?

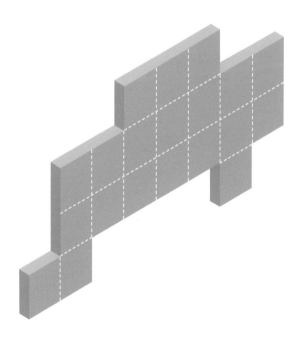

아래 숫자 표는 두 숫자를 이은 조각들이 붙어 있다. (0-0)부터 시작해 (0-1), (0-2), (0-3)~(6-4), (6-5), (6-6)까지 왼쪽 숫자 표를 활용해 조각들을 찾아보자. 조각을 어떻게 나눠야 할까?

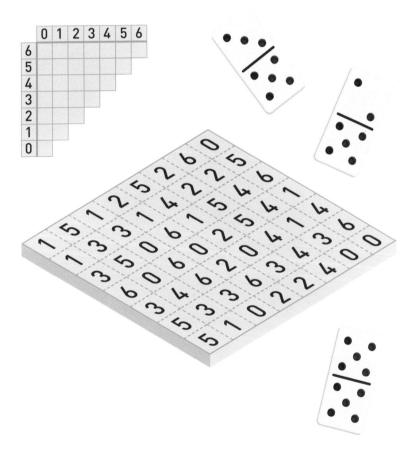

각 가로줄과 세로줄에 A부터 G까지 알파벳이 한 번씩 들어가야 한다.
규칙에 맞게 칸을 채우려면 알파벳을 어떻게 적어야 할까?

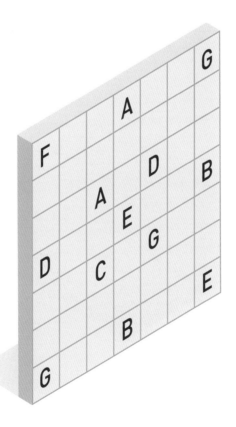

숫자는 그 숫자를 둘러싼 선의 개수를 뜻한다. 이 규칙에 맞게 점과 점을 이어 선을 그려보자. 선은 끊이지 않고 하나로 연결되어 있다. 선을 어떻게 그려야 할까?

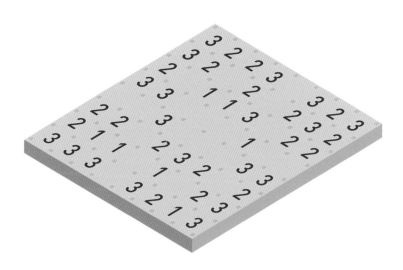

각 가로줄과 세로줄, 3×3칸(총 아홉 개)에 숫자 1~9가 한 번씩만 들어 가야 한다. 칸에 그려진 원은 색깔마다 들어갈 수 있는 숫자가 정해져 있 다. 1~3은 빈칸에, 4~6은 초록색 원에, 7~9는 주황색 원에 들어가야 한다. 규칙에 맞게 칸을 채우려면 숫자를 어떻게 적어야 할까?

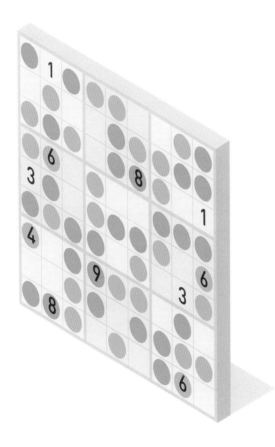

빨간색 점에서 출발해 다른 빨간색 점에 도착해야 한다. 이때 각 줄의 끝에 적힌 숫자는 해당 줄에서 선으로 이어진 점의 개수(빨간색 점도 포함)를 뜻한다. 예를 들어 숫자가 4라면 그 줄의 점이 한 개, 세 개 또는 두 개, 두 개가 이어져 선 두 개로 연결되어 있거나 또는 점 네 개가 선 하나로 연결되어 있다는 뜻이다. 규칙에 맞게 선을 그어보자. 선을 어떻게 그어야 할까?

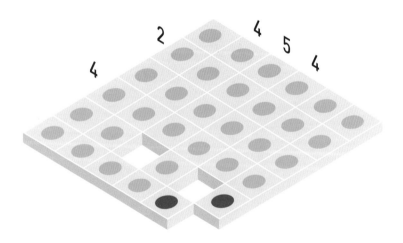

노란색 칸에 숫자 1~9를 적는 문제다. 주황색 칸에 적힌 숫자는 해당 노란색 열 또는 행(연속된 칸에 한함)에 적힌 숫자의 합이다. 예를 들어 왼쪽 위쪽에 적힌 숫자 4는 그 아래 노란색 두 칸에 적힌 숫자의 합이 4란 뜻이다. 노란색 칸에 숫자를 어떻게 채워야 할까?

각 행과 열 끝에 숫자들이 적혀 있다. 해당 줄에 그 숫자만큼의 칸을 색칠해야 하는 규칙이다. 숫자가 두 개 이상인 경우, 색칠한 칸들이 한 칸 이상 떨어져 있다는 뜻이다. 규칙에 따라 색을 칠하면 어떤 그림이 나타난다. 색을 어떻게 칠해야 할까?

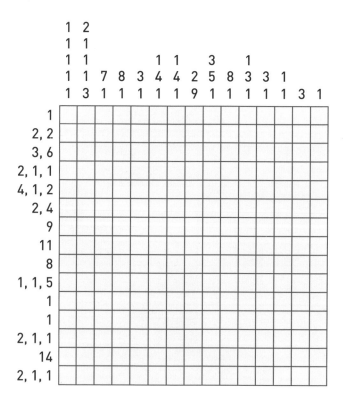

각 가로줄과 세로줄에 숫자 1~8이 한 번씩만 들어가야 한다. 칸과 칸 사이에 찍힌 분홍색, 빨간색 점은 각각 규칙이 있다. 분홍색 점으로 이어진 칸의 숫자는 1과 2처럼 연속한 숫자여야 하고, 빨간색 점으로 이어진 칸의 숫자는 2와 4처럼 한 숫자가 다른 숫자에 2를 곱한 값이 들어가야 한다. 단 1과 2가 붙어 있는 경우, 분홍색 점 또는 빨간색 점 중 한 점만 표시된다. 빈칸에 숫자를 어떻게 채워야 할까?

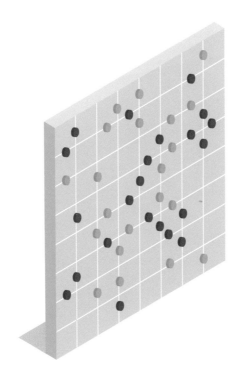

아래 그림에 그려진 원의 숫자와 색깔을 살펴보자. 원에 적힌 숫자는 그 원을 지나는 선의 개수를 뜻한다. 선은 원과 원을 이어 수평 또는 수직으로 그려야 하며 원 두 개를 잇는 선의 개수는 최대 두 개다. 모든 원이 연결되어야 한다. 선을 어떻게 그려야 할까?

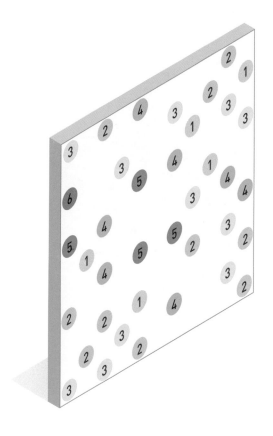

과녁 앞에 숫자들이 적혀 있다. 이 숫자들은 과녁의 각 둘레에서 숫자 하나씩을 맞혀 더한 값이다. 이 숫자들이 나오려면 숫자를 어떻게 맞혀야 할까?

아래 칸의 각 가로줄과 세로줄에 숫자 1~6을 한 번씩만 써서 채워야 한다. 칸 사이에 있는 부등호의 규칙도 따라야 한다. 숫자를 어떻게 채워야 할까?

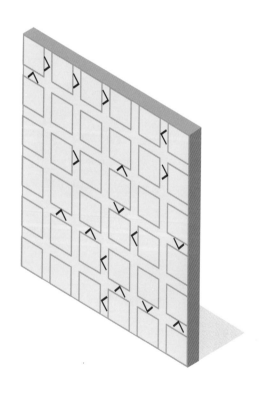

102

아래 칸에 같은 모양의 도형이 두 개씩 있다. 이들 도형은 떨어져 있는데, 같은 모양의 도형 한 개에서 출발해 나머지 도형 한 개에 도착해야하는 문제다. 칸 하나에 길 하나만 지나갈 수 있으며 길이 서로 닿거나 교차할 수 없다. 길은 수평 또는 수직으로만 이동해야 하며 모든 빈칸에 길이 지나야 한다. 도형끼리 만날 수 있도록 길을 그려보자. 길을 어떻게 이어야 할까?

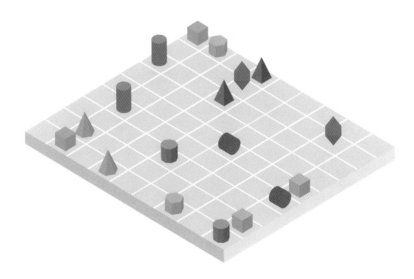

블록에 적힌 숫자는 바로 아래에 있는 두 블록에 적힌 숫자를 더한 값이
다. 빈 블록에 들어갈 숫자는 무엇일까?

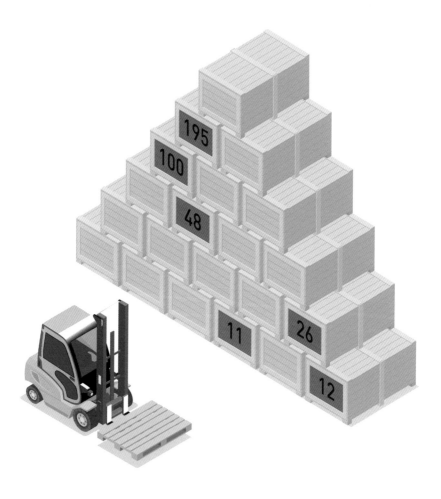

아래 그림에는 선과 점이 그려져 있다. 모든 선과 점이 하나도 빠짐없이 선 하나로 이어져야 한다. 선은 대각선 방향으로 이어지거나 교차할 수 없다. 선을 어떻게 그려야 할까?

각 가로줄과 세로줄에 숫자 1~7이 한 번씩만 들어가야 한다. 또한 굵은
선으로 묶인 칸에 적힌 숫자는 해당 칸에 적힌 숫자를 계산한 값이다. 빼
기와 나누기는 큰 수에서 나머지 수를 빼거나 나누면 된다. 예를 들어 두
칸 또는 세 칸으로 이어진 칸에 '1-'라 적혀 있다면 큰 수와 작은 수 또는
작은 수들을 더한 값의 차이가 1이라는 뜻이다. 규칙에 맞게 칸을 채워
보자. 숫자를 어떻게 채워야 할까?

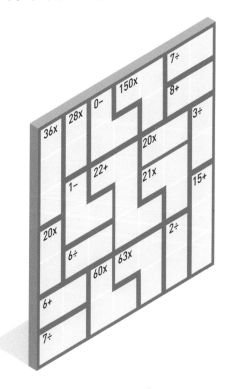

각 가로줄과 세로줄에 A부터 G까지 알파벳이 한 번씩 들어가야 한다.
규칙에 맞게 칸을 채우려면 알파벳을 어떻게 적어야 할까?

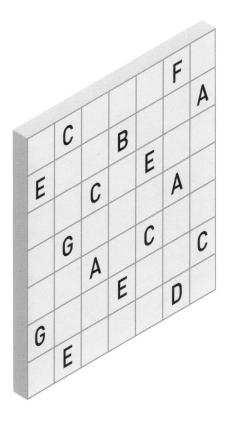

아래 칸에 구역이 나뉘어 있다. 각 구역을 서로 다른 색의 원으로 채워야 한다. 행과 열에 같은 색깔의 원이 중복해서 들어올 수 없다. 규칙에 맞게 원을 넣어보자. 원을 어떻게 배치해야 할까?

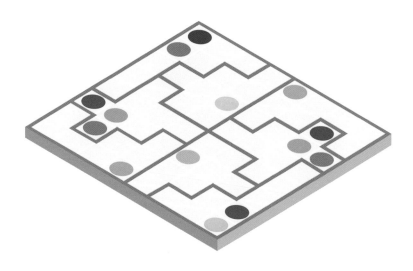

아래 칸에 뱀의 눈이 그려져 있다. 한 눈에서 출발해 다른 눈에 도착해야 한다. 이때 각 가로줄과 세로줄에 적힌 숫자는 해당 줄에서 선으로 이어진 칸의 개수(뱀의 눈 칸 포함)를 뜻한다. 예를 들어 숫자가 4라면 그 줄의 칸이 한 개, 세 개 또는 두 개, 두 개가 이어져 선 두 개로 연결되어 있거나 또는 칸 네 개가 선 하나로 연결되어 있다는 뜻이다. 선은 대각선 방향으로 이동할 수 없다. 규칙에 맞게 뱀의 눈과 눈을 이어보자. 선을 어떻게 그어야 할까?

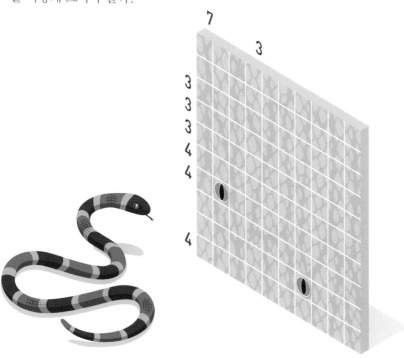

아래의 각 칸에는 탑이 세워져 있고, 칸에 들어갈 숫자는 그 탑의 높이를 나타낸다. 이때 칸 둘레에 적힌 숫자는 그 위치에서 해당 줄을 봤을 때 보이는 탑의 개수를 말한다. 예를 들어 5가 적혀 있다면 그 위치에서 줄을 봤을 때 탑이 다섯 개 보인다는 뜻이다. 탑 다섯 개가 모두 보이려면 가장 낮은 탑부터 가장 높은 탑까지 순서대로 보여야 하므로 1, 2, 3, 4, 5가 들어가야 한다. 또한 각 가로줄과 세로줄에는 숫자 1~5가 한 번씩만 들어간다. 규칙에 맞게 숫자를 넣어보자. 숫자를 어떻게 채워야 할까?

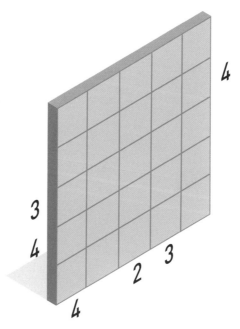

각 가로줄과 세로줄에 숫자 1~7이 한 번씩만 들어가야 한다. 각 줄에
적힌 숫자는 화살표 방향에 따라 대각선으로 이어지는 숫자들을 더한 값
을 뜻한다. 숫자를 어떻게 채워야 할까?

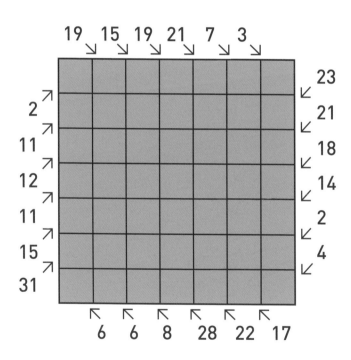

아래 숫자 표는 두 숫자를 이은 조각들이 붙어 있다. (0-0)부터 시작해 (0-1), (0-2), (0-3)~(6-4), (6-5), (6-6)까지 왼쪽 숫자 표를 활용해 조각들을 찾아보자. 조각을 어떻게 나눠야 할까?

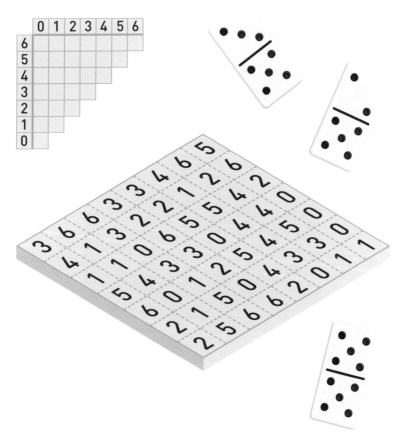

답:227쪽

아래 그림을 같은 모양의 조각 네 개로 나눠야 한다. 단 거울에 반사했을 때 같은 모양인 조각은 같은 모양으로 간주하지 않는다. 아래 그림을 어떻게 나눠야 할까?

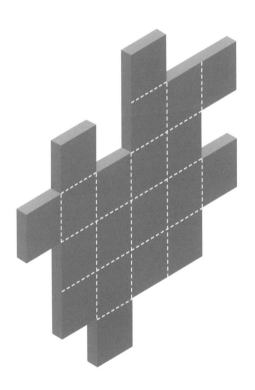

숫자는 그 숫자를 둘러싼 선의 개수를 뜻한다. 이 규칙에 맞게 점과 점을 이어 선을 그려보자. 선은 끊이지 않고 하나로 연결되어 있다. 선을 어떻게 그려야 할까?

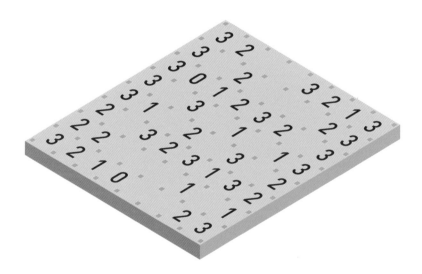

각 가로줄과 세로줄, 3×3칸(총 아홉 개)에 숫자 1~9가 한 번씩만 들어
가야 한다. 칸에 그려진 원은 색깔마다 들어갈 수 있는 숫자가 정해져 있
다. 1~3은 빈칸에, 4~6은 초록색 원에, 7~9는 주황색 원에 들어가야
한다. 규칙에 맞게 칸을 채우려면 숫자를 어떻게 적어야 할까?

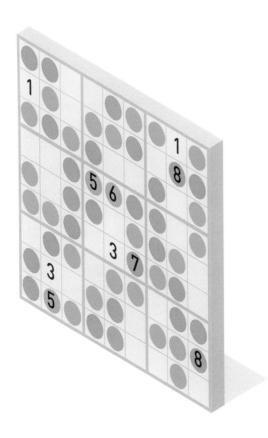

빨간색 점에서 출발해 다른 빨간색 점에 도착해야 한다. 이때 각 줄의 끝에 적힌 숫자는 해당 줄에서 선으로 이어진 점의 개수(빨간색 점도 포함)를 뜻한다. 예를 들어 숫자가 4라면 그 줄의 점이 한 개, 세 개 또는 두 개, 두 개가 이어져 선 두 개로 연결되어 있거나 또는 점 네 개가 선 하나로 연결되어 있다는 뜻이다. 규칙에 맞게 선을 그어보자. 선을 어떻게 그어야 할까?

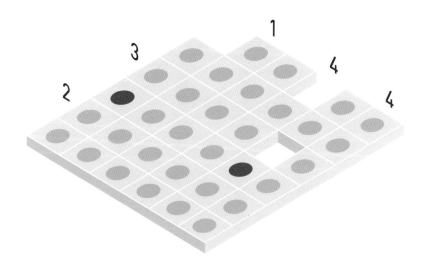

각 가로줄과 세로줄에 숫자 1~8이 한 번씩만 들어가야 한다. 칸과 칸 사이에 찍힌 분홍색, 빨간색 점은 각각 규칙이 있다. 분홍색 점으로 이어진 칸의 숫자는 1과 2처럼 연속한 숫자여야 하고, 빨간색 점으로 이어진 칸의 숫자는 2와 4처럼 한 숫자가 다른 숫자에 2를 곱한 값이 들어가야 한다. 단 1과 2가 붙어 있는 경우, 분홍색 점 또는 빨간색 점 중 한 점만 표시된다. 빈칸에 숫자를 어떻게 채워야 할까?

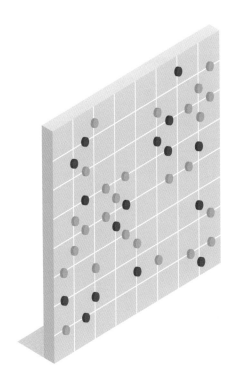

아래 그림에 그려진 원의 숫자와 색깔을 살펴보자. 원에 적힌 숫자는 그 원을 지나는 선의 개수를 뜻한다. 선은 원과 원을 이어 수평 또는 수직으로 그려야 하며 원 두 개를 잇는 선의 개수는 최대 두 개다. 모든 원이 연결되어야 한다. 선을 어떻게 그려야 할까?

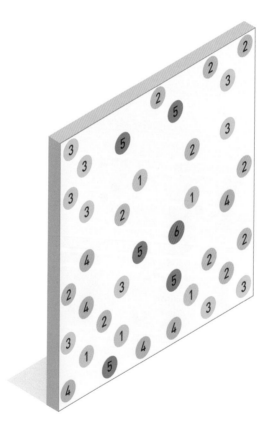

과녁 앞에 숫자들이 적혀 있다. 이 숫자들은 과녁의 각 둘레에서 숫자 하나씩을 맞혀 더한 값이다. 이 숫자들이 나오려면 숫자를 어떻게 맞혀야 할까?

노란색 칸에 숫자 1~9를 적는 문제다. 주황색 칸에 적힌 숫자는 해당 노란색 열 또는 행(연속된 칸에 한함)에 적힌 숫자의 합이다. 예를 들어 왼쪽 위쪽에 적힌 숫자 5는 그 아래 노란색 두 칸에 적힌 숫자의 합이 5란 뜻이다. 노란색 칸에 숫자를 어떻게 채워야 할까?

각 행과 열 끝에 숫자들이 적혀 있다. 해당 줄에 그 숫자만큼의 칸을 색칠해야 하는 규칙이다. 숫자가 두 개 이상인 경우, 색칠한 칸들이 한 칸 이상 떨어져 있다는 뜻이다. 규칙에 따라 색을 칠하면 어떤 그림이 나타난다. 색을 어떻게 칠해야 할까?

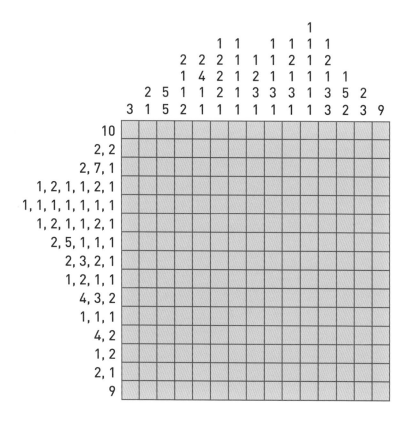

아래 칸의 각 가로줄과 세로줄에 숫자 1~7을 한 번씩만 써서 채워야 한다. 칸 사이에 있는 부등호의 규칙도 따라야 한다. 숫자를 어떻게 채워야 할까?

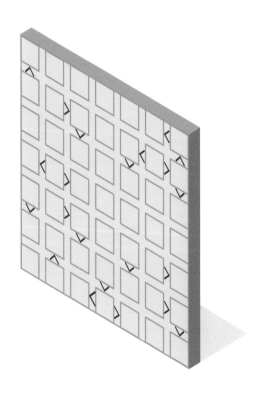

각 가로줄과 세로줄, 3×3칸(총 아홉 개)에 숫자 1~9가 한 번씩만 들어
가야 한다. 칸에 그려진 원은 색깔마다 들어갈 수 있는 숫자가 정해져 있
다. 1~3은 빈칸에, 4~6은 초록색 원에, 7~9는 주황색 원에 들어가야
한다. 규칙에 맞게 칸을 채우려면 숫자를 어떻게 적어야 할까?

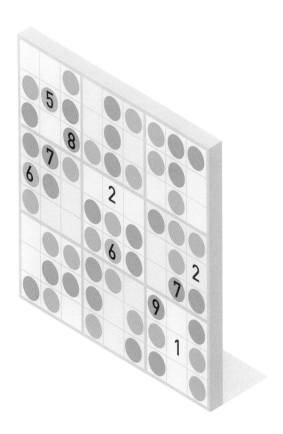

블록에 적힌 숫자는 바로 아래에 있는 두 블록에 적힌 숫자를 더한 값이다. 빈 블록에 들어갈 숫자는 무엇일까?

답:228쪽

124

아래 그림에는 선과 점이 그려져 있다. 모든 선과 점이 하나도 빠짐없이 선 하나로 이어져야 한다. 선은 대각선 방향으로 이어지거나 교차할 수 없다. 선을 어떻게 그려야 할까?

답:229쪽

각 가로줄과 세로줄에 숫자 1~7이 한 번씩만 들어가야 한다. 또한 굵은 선으로 묶인 칸에 적힌 숫자는 해당 칸에 적힌 숫자를 계산한 값이다. 빼기와 나누기는 큰 수에서 나머지 수를 빼거나 나누면 된다. 예를 들어 두 칸 또는 세 칸으로 이어진 칸에 '2-'라 적혀 있다면 큰 수와 작은 수 또는 작은 수들을 더한 값의 차이가 2라는 뜻이다. 규칙에 맞게 칸을 채워보자. 숫자를 어떻게 채워야 할까?

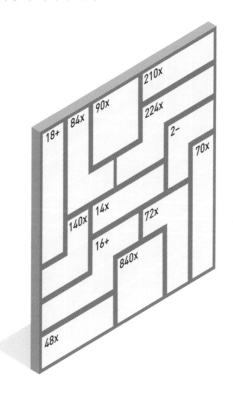

각 가로줄과 세로줄에 숫자 1~7이 한 번씩만 들어가야 한다. 각 줄에 적힌 숫자는 화살표 방향에 따라 대각선으로 이어지는 숫자들을 더한 값을 뜻한다. 숫자를 어떻게 채워야 할까?

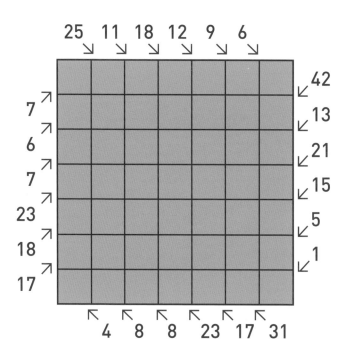

아래 칸에 구역이 나뉘어 있다. 각 구역을 서로 다른 색의 원으로 채워야 한다. 행과 열에 같은 색깔의 원이 중복해서 들어올 수 없다. 규칙에 맞게 원을 넣어보자. 원을 어떻게 배치해야 할까?

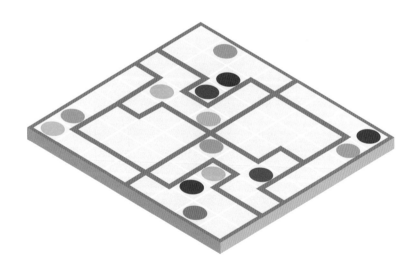

128

아래 칸에 뱀의 눈이 그려져 있다. 한 눈에서 출발해 다른 눈에 도착해야 한다. 이때 각 가로줄과 세로줄에 적힌 숫자는 해당 줄에서 선으로 이어진 칸의 개수(뱀의 눈 칸 포함)를 뜻한다. 예를 들어 숫자가 4라면 그 줄의 칸이 한 개, 세 개 또는 두 개, 두 개가 이어져 선 두 개로 연결되어 있거나 또는 칸 네 개가 선 하나로 연결되어 있다는 뜻이다. 선은 대각선 방향으로 이동할 수 없다. 규칙에 맞게 뱀의 눈과 눈을 이어보자. 선을 어떻게 그어야 할까?

숫자는 그 숫자를 둘러싼 선의 개수를 뜻한다. 이 규칙에 맞게 점과 점을 이어 선을 그려보자. 선은 끊이지 않고 하나로 연결되어 있다. 선을 어떻게 그려야 할까?

아래 칸에 같은 모양의 도형이 두 개씩 있다. 이들 도형은 떨어져 있는데, 같은 모양의 도형 한 개에서 출발해 나머지 도형 한 개에 도착해야하는 문제다. 칸 하나에 길 하나만 지나갈 수 있으며 길이 서로 닿거나교차할 수 없다. 길은 수평 또는 수직으로만 이동해야 하며 모든 빈칸에길이 지나야 한다. 도형끼리 만날 수 있도록 길을 그려보자. 길을 어떻게이어야 할까?

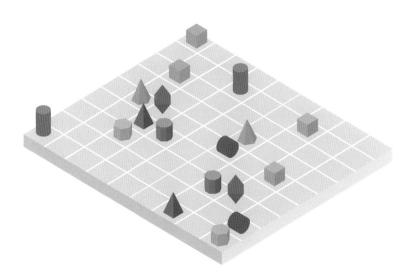

빨간색 점에서 출발해 다른 빨간색 점에 도착해야 한다. 이때 각 줄의 끝에 적힌 숫자는 해당 줄에서 선으로 이어진 점의 개수(빨간색 점도 포함)를 뜻한다. 예를 들어 숫자가 4라면 그 줄의 점이 한 개, 세 개 또는 두 개, 두 개가 이어져 선 두 개로 연결되어 있거나 또는 점 네 개가 선 하나로 연결되어 있다는 뜻이다. 규칙에 맞게 선을 그어보자. 선을 어떻게 그어야 할까?

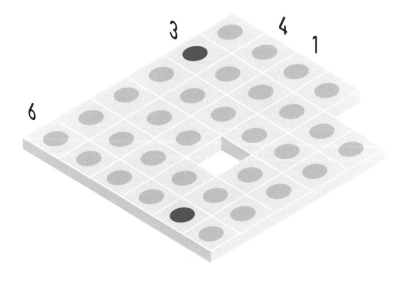

아래의 각 칸에는 탑이 세워져 있고, 칸에 들어갈 숫자는 그 탑의 높이를 나타낸다. 이때 칸 둘레에 적힌 숫자는 그 위치에서 해당 줄을 봤을 때 보이는 탑의 개수를 말한다. 예를 들어 5가 적혀 있다면 그 위치에서 줄을 봤을 때 탑이 다섯 개 보인다는 뜻이다. 탑 다섯 개가 모두 보이려면 가장 낮은 탑부터 가장 높은 탑까지 순서대로 보여야 하므로 1, 2, 3, 4, 5가 들어가야 한다. 또한 각 가로줄과 세로줄에는 숫자 1~5가 한 번씩만 들어간다. 규칙에 맞게 숫자를 넣어보자. 숫자를 어떻게 채워야 할까?

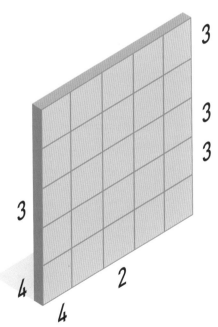

각 가로줄과 세로줄에 A부터 H까지 알파벳이 한 번씩 들어가야 한다.
규칙에 맞게 칸을 채우려면 알파벳을 어떻게 적어야 할까?

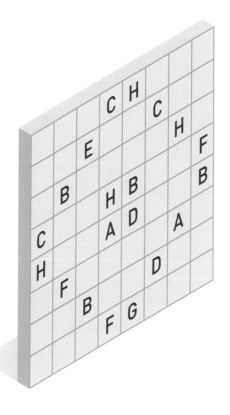

아래 숫자 표는 두 숫자를 이은 조각들이 붙어 있다. (0-0)부터 시작해 (0-1), (0-2), (0-3)~(6-4), (6-5), (6-6)까지 왼쪽 숫자 표를 활용해 조각들을 찾아보자. 조각을 어떻게 나눠야 할까?

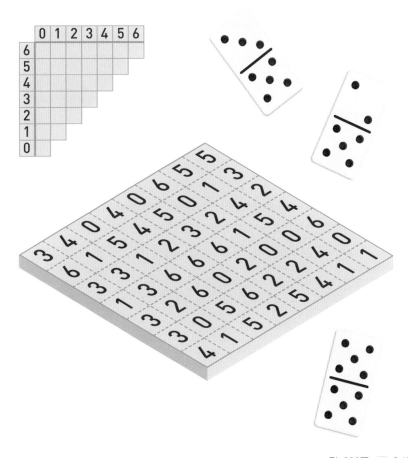

아래 그림을 같은 모양의 조각 네 개로 나눠야 한다. 단 거울에 반사했을 때 같은 모양인 조각은 같은 모양으로 간주하지 않는다. 아래 그림을 어떻게 나눠야 할까?

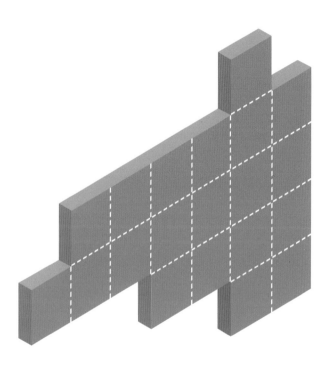

답:230쪽

각 가로줄과 세로줄에 숫자 1~8이 한 번씩만 들어가야 한다. 칸과 칸 사이에 찍힌 분홍색, 빨간색 점은 각각 규칙이 있다. 분홍색 점으로 이어진 칸의 숫자는 1과 2처럼 연속한 숫자여야 하고, 빨간색 점으로 이어진 칸의 숫자는 2와 4처럼 한 숫자가 다른 숫자에 2를 곱한 값이 들어가야 한다. 단 1과 2가 붙어 있는 경우, 분홍색 점 또는 빨간색 점 중 한 점만 표시된다. 빈칸에 숫자를 어떻게 채워야 할까?

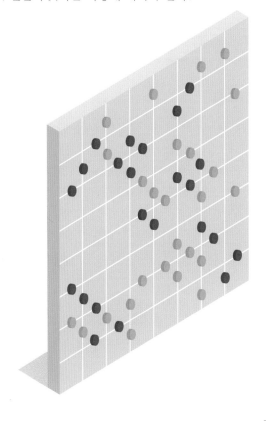

아래 그림에 그려진 원의 숫자와 색깔을 살펴보자. 원에 적힌 숫자는 그 원을 지나는 선의 개수를 뜻한다. 선은 원과 원을 이어 수평 또는 수직으로 그려야 하며 원 두 개를 잇는 선의 개수는 최대 두 개다. 모든 원이 연결되어야 한다. 선을 어떻게 그려야 할까?

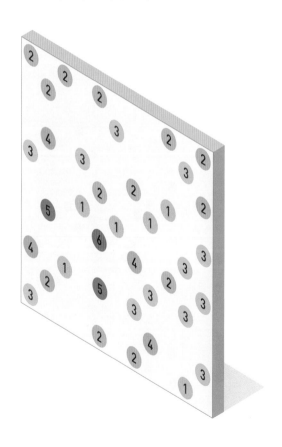

과녁 앞에 숫자들이 적혀 있다. 이 숫자들은 과녁의 각 둘레에서 숫자 하나씩을 맞혀 더한 값이다. 이 숫자들이 나오려면 숫자를 어떻게 맞혀야 할까?

노란색 칸에 숫자 1~9를 적는 문제다. 주황색 칸에 적힌 숫자는 해당 노란색 열 또는 행(연속된 칸에 한함)에 적힌 숫자의 합이다. 예를 들어 왼쪽 위쪽에 적힌 숫자 4는 그 아래 노란색 두 칸에 적힌 숫자의 합이 4란 뜻이다. 노란색 칸에 숫자를 어떻게 채워야 할까?

140

각 행과 열 끝에 숫자들이 적혀 있다. 해당 줄에 그 숫자만큼의 칸을 색 칠해야 하는 규칙이다. 숫자가 두 개 이상인 경우, 색칠한 칸들이 한 칸 이상 떨어져 있다는 뜻이다. 규칙에 따라 색을 칠하면 어떤 그림이 나타 난다. 색을 어떻게 칠해야 할까?

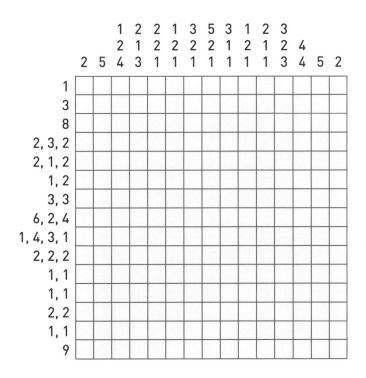

아래 칸의 각 가로줄과 세로줄에 숫자 1~7을 한 번씩만 써서 채워야 한다. 칸 사이에 있는 부등호의 규칙도 따라야 한다. 숫자를 어떻게 채워야 할까?

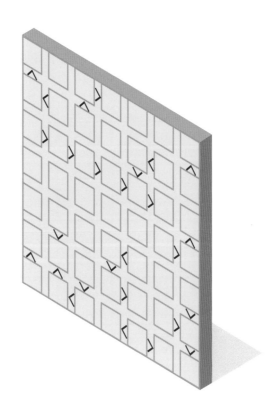

각 가로줄과 세로줄, 3×3칸(총 아홉 개)에 숫자 1~9가 한 번씩만 들어
가야 한다. 칸에 그려진 원은 색깔마다 들어갈 수 있는 숫자가 정해져 있
다. 1~3은 빈칸에, 4~6은 초록색 원에, 7~9는 주황색 원에 들어가야
한다. 규칙에 맞게 칸을 채우려면 숫자를 어떻게 적어야 할까?

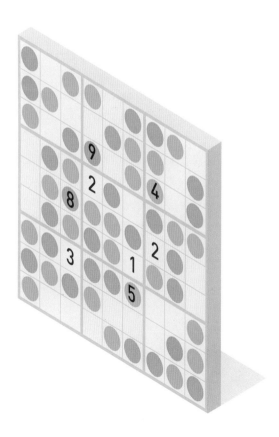

블록에 적힌 숫자는 바로 아래에 있는 두 블록에 적힌 숫자를 더한 값이다. 빈 블록에 들어갈 숫자는 무엇일까?

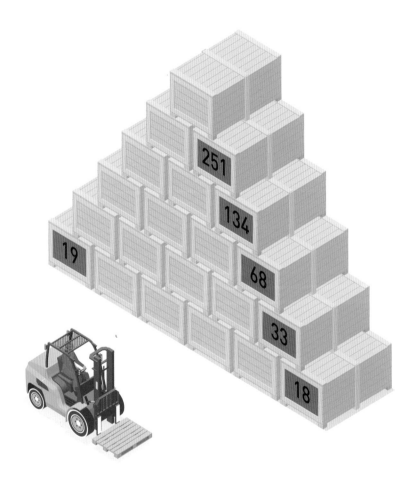

아래 그림에는 선과 점이 그려져 있다. 모든 선과 점이 하나도 빠짐없이 선 하나로 이어져야 한다. 선은 대각선 방향으로 이어지거나 교차할 수 없다. 선을 어떻게 그려야 할까?

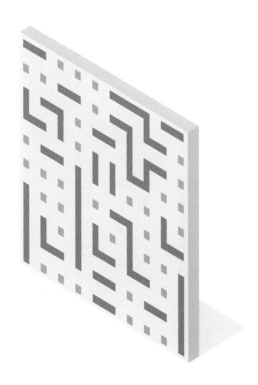

아래의 각 칸에는 탑이 세워져 있고, 칸에 들어갈 숫자는 그 탑의 높이
를 나타낸다. 이때 칸 둘레에 적힌 숫자는 그 위치에서 해당 줄을 봤을
때 보이는 탑의 개수를 말한다. 예를 들어 5가 적혀 있다면 그 위치에
서 줄을 봤을 때 탑이 다섯 개 보인다는 뜻이다. 탑 다섯 개가 모두 보이
려면 가장 낮은 탑부터 가장 높은 탑까지 순서대로 보여야 하므로 1, 2,
3, 4, 5가 들어가야 한다. 또한 각 가로줄과 세로줄에는 숫자 1~5가 한
번씩만 들어간다. 규칙에 맞게 숫자를 넣어보자. 숫자를 어떻게 채워야
할까?

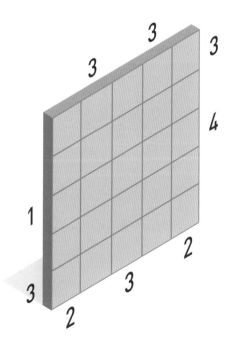

각 가로줄과 세로줄에 A부터 H까지 알파벳이 한 번씩 들어가야 한다.
규칙에 맞게 칸을 채우려면 알파벳을 어떻게 적어야 할까?

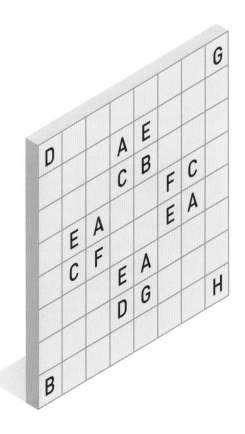

아래 숫자 표는 두 숫자를 이은 조각들이 붙어 있다. (0-0)부터 시작해 (0-1), (0-2), (0-3)~(6-4), (6-5), (6-6)까지 왼쪽 숫자 표를 활용해 조각들을 찾아보자. 조각을 어떻게 나눠야 할까?

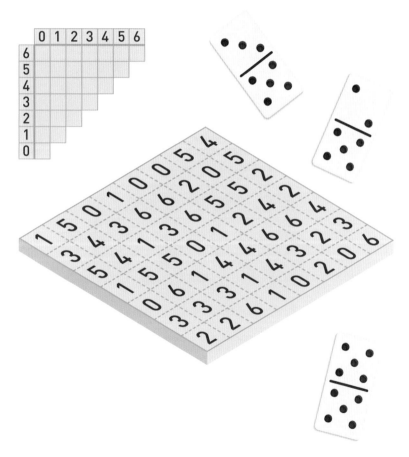

156 　답:232쪽

아래 그림을 같은 모양의 조각 네 개로 나눠야 한다. 단 거울에 반사했을 때 같은 모양인 조각은 같은 모양으로 간주하지 않는다. 아래 그림을 어떻게 나눠야 할까?

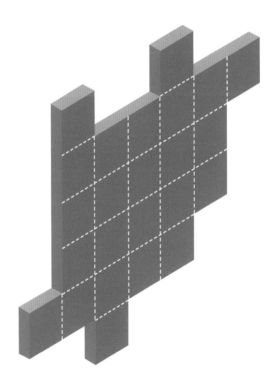

각 가로줄과 세로줄에 숫자 1~7이 한 번씩만 들어가야 한다. 또한 굵은 선으로 묶인 칸에 적힌 숫자는 해당 칸에 적힌 숫자를 계산한 값이다. 빼기와 나누기는 큰 수에서 나머지 수를 빼거나 나누면 된다. 예를 들어 두 칸 또는 세 칸으로 이어진 칸에 '1-'라 적혀 있다면 큰 수와 작은 수 또는 작은 수들을 더한 값의 차이가 1이라는 뜻이다. 규칙에 맞게 칸을 채워 보자. 숫자를 어떻게 채워야 할까?

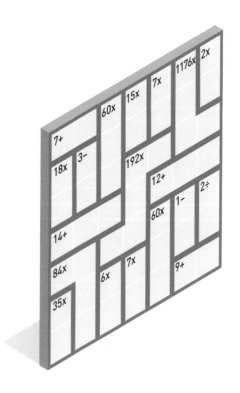

각 가로줄과 세로줄에 숫자 1~7이 한 번씩만 들어가야 한다. 각 줄에 적힌 숫자는 화살표 방향에 따라 대각선으로 이어지는 숫자들을 더한 값을 뜻한다. 숫자를 어떻게 채워야 할까?

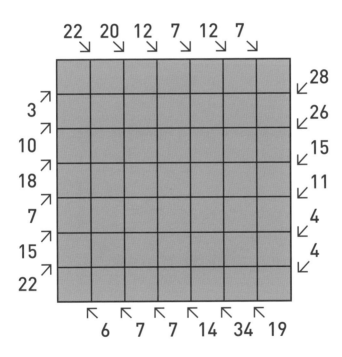

아래 칸에 구역이 나뉘어 있다. 각 구역을 서로 다른 색의 원으로 채워야한다. 행과 열에 같은 색깔의 원이 중복해서 들어올 수 없다. 규칙에 맞게 원을 넣어보자. 원을 어떻게 배치해야 할까?

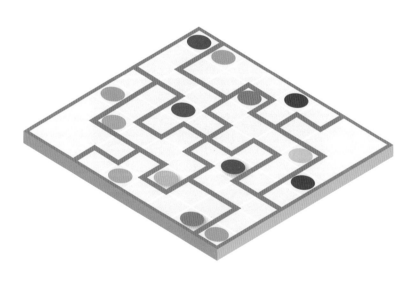

아래 칸에 뱀의 눈이 그려져 있다. 한 눈에서 출발해 다른 눈에 도착해야한다. 이때 각 가로줄과 세로줄에 적힌 숫자는 해당 줄에서 선으로 이어진 칸의 개수(뱀의 눈 칸 포함)를 뜻한다. 예를 들어 숫자가 4라면 그 줄의칸이 한 개, 세 개 또는 두 개, 두 개가 이어져 선 두 개로 연결되어 있거나 또는 칸 네 개가 선 하나로 연결되어 있다는 뜻이다. 선은 대각선 방향으로 이동할 수 없다. 규칙에 맞게 뱀의 눈과 눈을 이어보자. 선을 어떻게 그어야 할까?

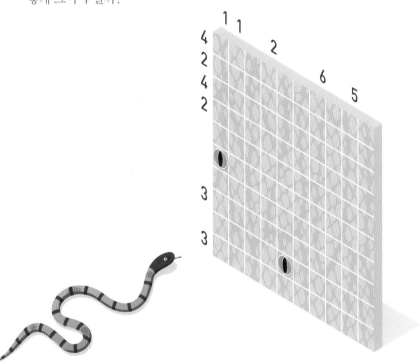

숫자는 그 숫자를 둘러싼 선의 개수를 뜻한다. 이 규칙에 맞게 점과 점을 이어 선을 그려보자. 선은 끊이지 않고 하나로 연결되어 있다. 선을 어떻게 그려야 할까?

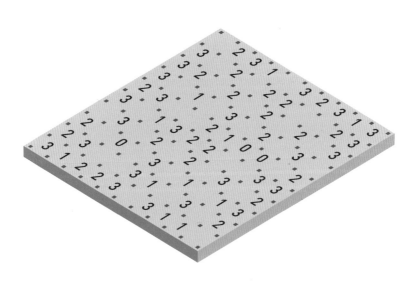

 답: 233쪽

아래 칸에 같은 모양의 도형이 두 개씩 있다. 이들 도형은 떨어져 있는 데, 같은 모양의 도형 한 개에서 출발해 나머지 도형 한 개에 도착해야 하는 문제다. 칸 하나에 길 하나만 지나갈 수 있으며 길이 서로 닿거나 교차할 수 없다. 길은 수평 또는 수직으로만 이동해야 하며 모든 빈칸에 길이 지나야 한다. 도형끼리 만날 수 있도록 길을 그려보자. 길을 어떻게 이어야 할까?

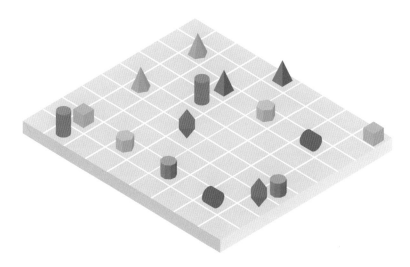

빨간색 점에서 출발해 다른 빨간색 점에 도착해야 한다. 이때 각 줄의 끝에 적힌 숫자는 해당 줄에서 선으로 이어진 점의 개수(빨간색 점도 포함)를 뜻한다. 예를 들어 숫자가 4라면 그 줄의 점이 한 개, 세 개 또는 두개, 두 개가 이어져 선 두 개로 연결되어 있거나 또는 점 네 개가 선 하나로 연결되어 있다는 뜻이다. 규칙에 맞게 선을 그어보자. 선을 어떻게 그어야 할까?

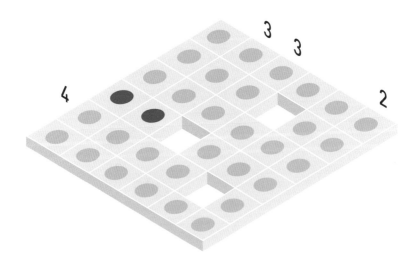

156

각 가로줄과 세로줄에 숫자 1~8이 한 번씩만 들어가야 한다. 칸과 칸 사이에 찍힌 분홍색, 빨간색 점은 각각 규칙이 있다. 분홍색 점으로 이어진 칸의 숫자는 1과 2처럼 연속한 숫자여야 하고, 빨간색 점으로 이어진 칸의 숫자는 2와 4처럼 한 숫자가 다른 숫자에 2를 곱한 값이 들어가야 한다. 단 1과 2가 붙어 있는 경우, 분홍색 점 또는 빨간색 점 중 한 점만 표시된다. 빈칸에 숫자를 어떻게 채워야 할까?

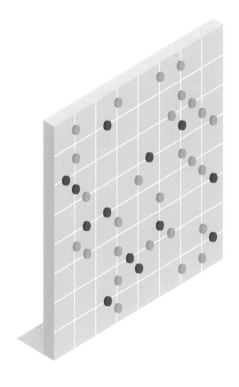

아래 그림에 그려진 원의 숫자와 색깔을 살펴보자. 원에 적힌 숫자는 그 원을 지나는 선의 개수를 뜻한다. 선은 원과 원을 이어 수평 또는 수직으로 그려야 하며 원 두 개를 잇는 선의 개수는 최대 두 개다. 모든 원이 연결되어야 한다. 선을 어떻게 그려야 할까?

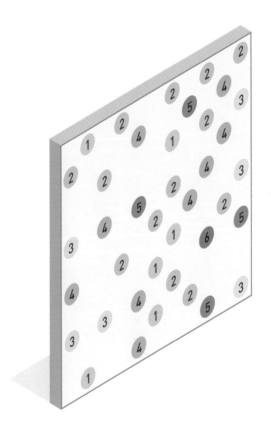

과녁 앞에 숫자들이 적혀 있다. 이 숫자들은 과녁의 각 둘레에서 숫자 하나씩을 맞혀 더한 값이다. 이 숫자들이 나오려면 숫자를 어떻게 맞혀야 할까?

노란색 칸에 숫자 1~9를 적는 문제다. 주황색 칸에 적힌 숫자는 해당
노란색 열 또는 행(연속된 칸에 한함)에 적힌 숫자의 합이다. 예를 들어 왼
쪽 위쪽에 적힌 숫자 11은 그 아래 노란색 두 칸에 적힌 숫자의 합이 11
이란 뜻이다. 노란색 칸에 숫자를 어떻게 채워야 할까?

각 행과 열 끝에 숫자들이 적혀 있다. 해당 줄에 그 숫자만큼의 칸을 색칠해야 하는 규칙이다. 숫자가 두 개 이상인 경우, 색칠한 칸들이 한 칸 이상 떨어져 있다는 뜻이다. 규칙에 따라 색을 칠하면 어떤 그림이 나타난다. 색을 어떻게 칠해야 할까?

열 단서:

	2		2	1				1							
	1	1	1	1	1	1	1	1		1					
	2	1	1	1	1	1	1	1	1	2	1	2			
6	2	2	1	1	1	1	1	1	1	1	1	1	2		
1	2	3	4	1	2	1	1	1	1	2	1	2	2	6	

행 단서:

- 7
- 3, 3
- 2, 2
- 2, 2
- 1, 6, 3, 1
- 1, 1
- 1, 4, 3, 2, 1
- 1, 1
- 2, 3, 2, 2
- 2, 2
- 2, 3
- 1, 6
- 4
- 3
- 3

각 가로줄과 세로줄에 A부터 H까지 알파벳이 한 번씩 들어가야 한다.
규칙에 맞게 칸을 채우려면 알파벳을 어떻게 적어야 할까?

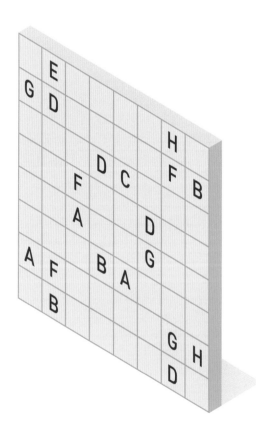

아래 칸에 같은 모양의 도형이 두 개씩 있다. 이들 도형은 떨어져 있는데, 같은 모양의 도형 한 개에서 출발해 나머지 도형 한 개에 도착해야 하는 문제다. 칸 하나에 길 하나만 지나갈 수 있으며 길이 서로 닿거나 교차할 수 없다. 길은 수평 또는 수직으로만 이동해야 하며 모든 빈칸에 길이 지나야 한다. 도형끼리 만날 수 있도록 길을 그려보자. 길을 어떻게 이어야 할까?

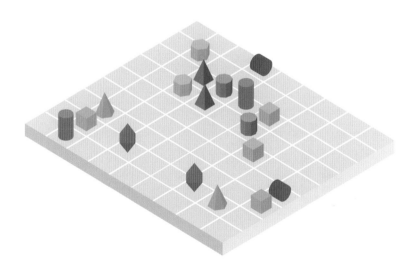

블록에 적힌 숫자는 바로 아래에 있는 두 블록에 적힌 숫자를 더한 값이다. 빈 블록에 들어갈 숫자는 무엇일까?

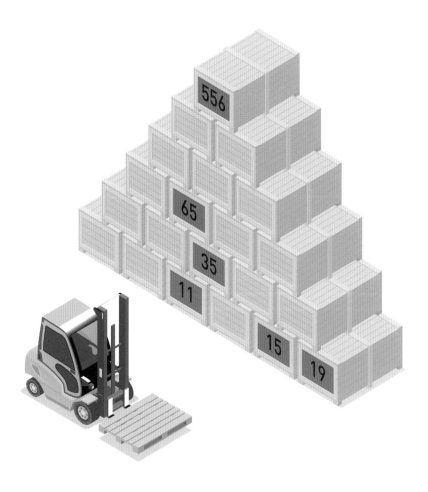

아래 그림에는 선과 점이 그려져 있다. 모든 선과 점이 하나도 빠짐없이 선 하나로 이어져야 한다. 선은 대각선 방향으로 이어지거나 교차할 수 없다. 선을 어떻게 그려야 할까?

각 가로줄과 세로줄에 숫자 1~8이 한 번씩만 들어가야 한다. 또한 굵은 선으로 묶인 칸에 적힌 숫자는 해당 칸에 적힌 숫자를 계산한 값이다. 빼기와 나누기는 큰 수에서 나머지 수를 빼거나 나누면 된다. 예를 들어 두 칸 또는 세 칸으로 이어진 칸에 '3-'라 적혀 있다면 큰 수와 작은 수 또는 작은 수들을 더한 값의 차이가 3이라는 뜻이다. 규칙에 맞게 칸을 채워 보자. 숫자를 어떻게 채워야 할까?

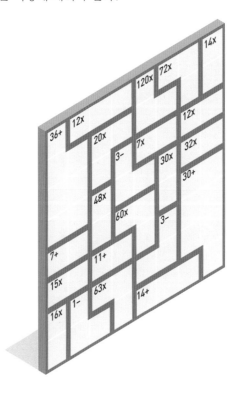

아래 칸의 각 가로줄과 세로줄에 숫자 1~7을 한 번씩만 써서 채워야 한다. 칸 사이에 있는 부등호의 규칙도 따라야 한다. 숫자를 어떻게 채워야 할까?

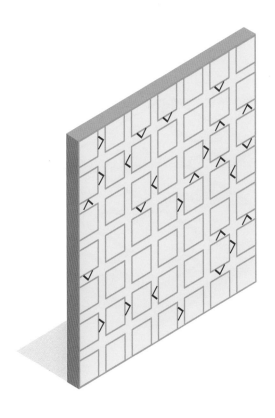

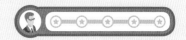

아래 칸에 구역이 나뉘어 있다. 각 구역을 서로 다른 색의 원으로 채워야한다. 행과 열에 같은 색깔의 원이 중복해서 들어올 수 없다. 규칙에 맞게 원을 넣어보자. 원을 어떻게 배치해야 할까?

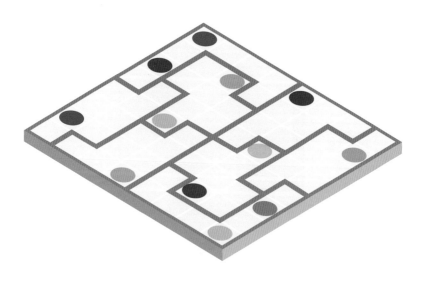

168

아래 칸에 뱀의 눈이 그려져 있다. 한 눈에서 출발해 다른 눈에 도착해야 한다. 이때 각 가로줄과 세로줄에 적힌 숫자는 해당 줄에서 선으로 이어진 칸의 개수(뱀의 눈 칸 포함)를 뜻한다. 예를 들어 숫자가 4라면 그 줄의 칸이 한 개, 세 개 또는 두 개, 두 개가 이어져 선 두 개로 연결되어 있거나 또는 칸 네 개가 선 하나로 연결되어 있다는 뜻이다. 선은 대각선 방향으로 이동할 수 없다. 규칙에 맞게 뱀의 눈과 눈을 이어보자. 선을 어떻게 그어야 할까?

169

각 가로줄과 세로줄, 3×3칸(총 아홉 개)에 숫자 1~9가 한 번씩만 들어가야 한다. 칸에 그려진 원은 색깔마다 들어갈 수 있는 숫자가 정해져 있다. 1~3은 빈칸에, 4~6은 초록색 원에, 7~9는 주황색 원에 들어가야 한다. 규칙에 맞게 칸을 채우려면 숫자를 어떻게 적어야 할까?

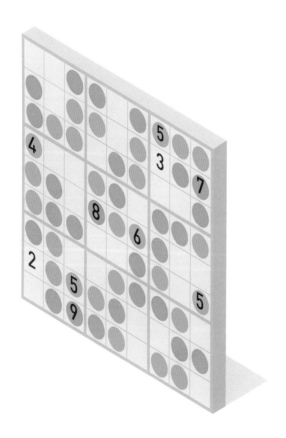

숫자는 그 숫자를 둘러싼 선의 개수를 뜻한다. 이 규칙에 맞게 점과 점을 이어 선을 그려보자. 선은 끊이지 않고 하나로 연결되어 있다. 선을 어떻게 그려야 할까?

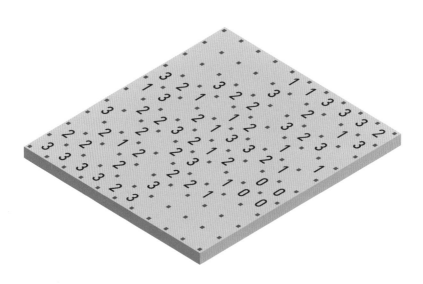

빨간색 점에서 출발해 다른 빨간색 점에 도착해야 한다. 이때 각 줄의 끝에 적힌 숫자는 해당 줄에서 선으로 이어진 점의 개수(빨간색 점도 포함)를 뜻한다. 예를 들어 숫자가 4라면 그 줄의 점이 한 개, 세 개 또는 두 개, 두 개가 이어져 선 두 개로 연결되어 있거나 또는 점 네 개가 선 하나로 연결되어 있다는 뜻이다. 규칙에 맞게 선을 그어보자. 선을 어떻게 그어야 할까?

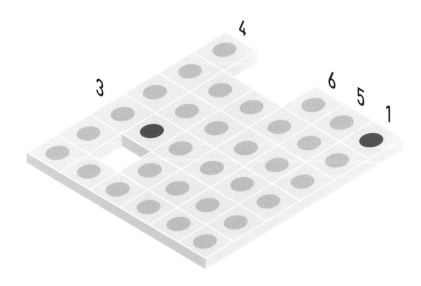

아래의 각 칸에는 탑이 세워져 있고, 칸에 들어갈 숫자는 그 탑의 높이를 나타낸다. 이때 칸 둘레에 적힌 숫자는 그 위치에서 해당 줄을 봤을 때 보이는 탑의 개수를 말한다. 예를 들어 5가 적혀 있다면 그 위치에서 줄을 봤을 때 탑이 다섯 개 보인다는 뜻이다. 탑 다섯 개가 모두 보이려면 가장 낮은 탑부터 가장 높은 탑까지 순서대로 보여야 하므로 1, 2, 3, 4, 5가 들어가야 한다. 또한 각 가로줄과 세로줄에는 숫자 1~5가 한 번씩만 들어간다. 규칙에 맞게 숫자를 넣어보자. 숫자를 어떻게 채워야 할까?

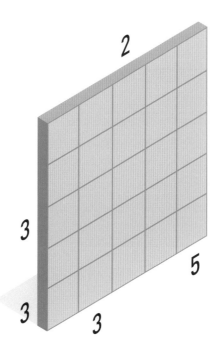

각 가로줄과 세로줄에 숫자 1~7이 한 번씩만 들어가야 한다. 각 줄에
적힌 숫자는 화살표 방향에 따라 대각선으로 이어지는 숫자들을 더한 값
을 뜻한다. 숫자를 어떻게 채워야 할까?

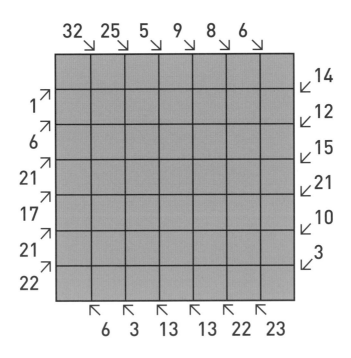

아래 숫자 표는 두 숫자를 이은 조각들이 붙어 있다. (0-0)부터 시작해 (0-1), (0-2), (0-3)~(6-4), (6-5), (6-6)까지 왼쪽 숫자 표를 활용해 조각들을 찾아보자. 조각을 어떻게 나눠야 할까?

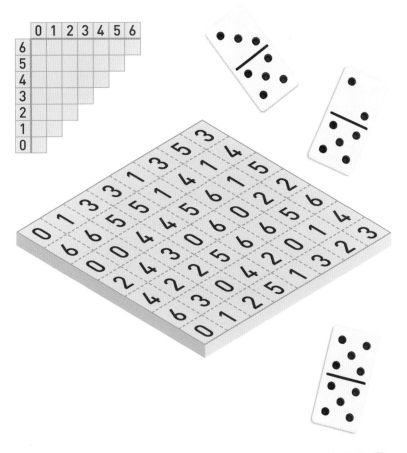

아래 그림을 같은 모양의 조각 네 개로 나눠야 한다. 단 거울에 반사했을 때 같은 모양인 조각은 같은 모양으로 간주하지 않는다. 아래 그림을 어떻게 나눠야 할까?

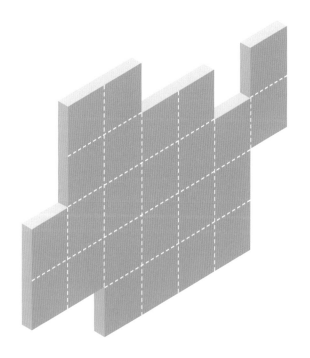

각 가로줄과 세로줄에 숫자 1~8이 한 번씩만 들어가야 한다. 칸과 칸 사이에 찍힌 분홍색, 빨간색 점은 각각 규칙이 있다. 분홍색 점으로 이어진 칸의 숫자는 1과 2처럼 연속한 숫자여야 하고, 빨간색 점으로 이어진 칸의 숫자는 2와 4처럼 한 숫자가 다른 숫자에 2를 곱한 값이 들어가야 한다. 단 1과 2가 붙어 있는 경우, 분홍색 점 또는 빨간색 점 중 한 점만 표시된다. 빈칸에 숫자를 어떻게 채워야 할까?

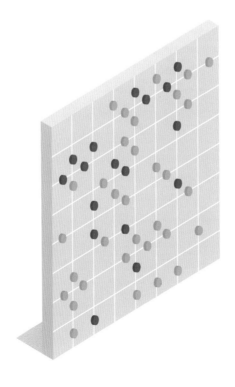

아래 그림에 그려진 원의 숫자와 색깔을 살펴보자. 원에 적힌 숫자는 그 원을 지나는 선의 개수를 뜻한다. 선은 원과 원을 이어 수평 또는 수직으로 그려야 하며 원 두 개를 잇는 선의 개수는 최대 두 개다. 모든 원이 연결되어야 한다. 선을 어떻게 그려야 할까?

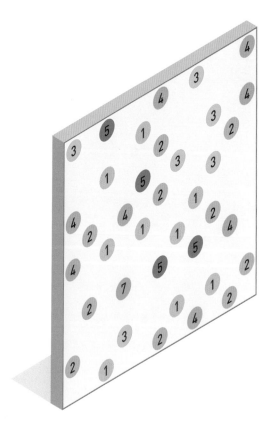

과녁 앞에 숫자들이 적혀 있다. 이 숫자들은 과녁의 각 둘레에서 숫자 하나씩을 맞혀 더한 값이다. 이 숫자들이 나오려면 숫자를 어떻게 맞혀야 할까?

노란색 칸에 숫자 1~9를 적는 문제다. 주황색 칸에 적힌 숫자는 해당 노란색 열 또는 행(연속된 칸에 한함)에 적힌 숫자의 합이다. 예를 들어 왼쪽 위쪽에 적힌 숫자 13은 그 아래 노란색 두 칸에 적힌 숫자의 합이 13이란 뜻이다. 노란색 칸에 숫자를 어떻게 채워야 할까?

각 행과 열 끝에 숫자들이 적혀 있다. 해당 줄에 그 숫자만큼의 칸을 색칠해야 하는 규칙이다. 숫자가 두 개 이상인 경우, 색칠한 칸들이 한 칸 이상 떨어져 있다는 뜻이다. 규칙에 따라 색을 칠하면 어떤 그림이 나타난다. 색을 어떻게 칠해야 할까?

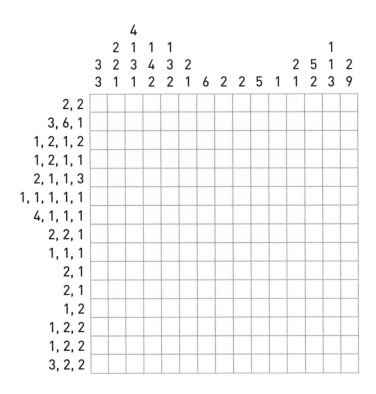

각 가로줄과 세로줄에 A부터 H까지 알파벳이 한 번씩 들어가야 한다.
규칙에 맞게 칸을 채우려면 알파벳을 어떻게 적어야 할까?

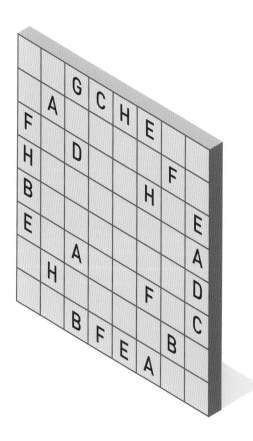

아래 칸에 같은 모양의 도형이 두 개씩 있다. 이들 도형은 떨어져 있는데, 같은 모양의 도형 한 개에서 출발해 나머지 도형 한 개에 도착해야 하는 문제다. 칸 하나에 길 하나만 지나갈 수 있으며 길이 서로 닿거나 교차할 수 없다. 길은 수평 또는 수직으로만 이동해야 하며 모든 빈칸에 길이 지나야 한다. 도형끼리 만날 수 있도록 길을 그려보자. 길을 어떻게 이어야 할까?

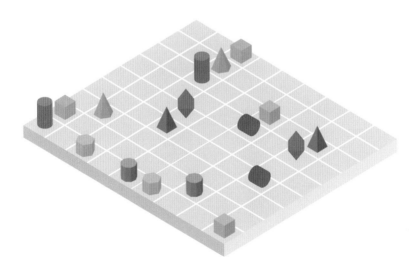

블록에 적힌 숫자는 바로 아래에 있는 두 블록에 적힌 숫자를 더한 값이
다. 빈 블록에 들어갈 숫자는 무엇일까?

아래 그림에는 선과 점이 그려져 있다. 모든 선과 점이 하나도 빠짐없이 선 하나로 이어져야 한다. 선은 대각선 방향으로 이어지거나 교차할 수 없다. 선을 어떻게 그려야 할까?

각 가로줄과 세로줄에 숫자 1~8이 한 번씩만 들어가야 한다. 또한 굵은 선으로 묶인 칸에 적힌 숫자는 해당 칸에 적힌 숫자를 계산한 값이다. 빼기와 나누기는 큰 수에서 나머지 수를 빼거나 나누면 된다. 예를 들어 두 칸 또는 세 칸으로 이어진 칸에 '2-'라 적혀 있다면 큰 수와 작은 수 또는 작은 수들을 더한 값의 차이가 2라는 뜻이다. 규칙에 맞게 칸을 채워보자. 숫자를 어떻게 채워야 할까?

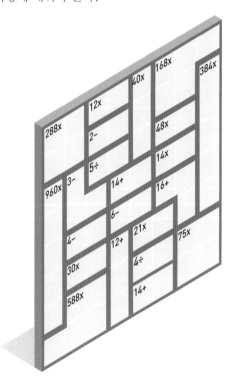

아래 칸의 각 가로줄과 세로줄에 숫자 1~7을 한 번씩만 써서 채워야 한다. 칸 사이에 있는 부등호의 규칙도 따라야 한다. 숫자를 어떻게 채워야 할까?

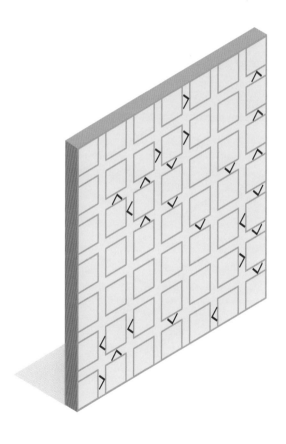

아래 칸에 구역이 나뉘어 있다. 각 구역을 서로 다른 색의 원으로 채워야
한다. 행과 열에 같은 색깔의 원이 중복해서 들어올 수 없다. 규칙에 맞
게 원을 넣어보자. 원을 어떻게 배치해야 할까?

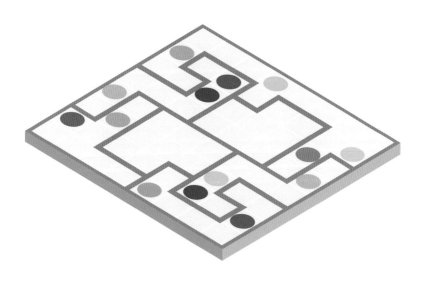

아래 칸에 뱀의 눈이 그려져 있다. 한 눈에서 출발해 다른 눈에 도착해야 한다. 이때 각 가로줄과 세로줄에 적힌 숫자는 해당 줄에서 선으로 이어진 칸의 개수(뱀의 눈 칸 포함)를 뜻한다. 예를 들어 숫자가 4라면 그 줄의 칸이 한 개, 세 개 또는 두 개, 두 개가 이어져 선 두 개로 연결되어 있거나 또는 칸 네 개가 선 하나로 연결되어 있다는 뜻이다. 선은 대각선 방향으로 이동할 수 없다. 규칙에 맞게 뱀의 눈과 눈을 이어보자. 선을 어떻게 그어야 할까?

각 가로줄과 세로줄, 3×3칸(총 아홉 개)에 숫자 1~9가 한 번씩만 들어가야 한다. 칸에 그려진 원은 색깔마다 들어갈 수 있는 숫자가 정해져 있다. 1~3은 빈칸에, 4~6은 초록색 원에, 7~9는 주황색 원에 들어가야 한다. 규칙에 맞게 칸을 채우려면 숫자를 어떻게 적어야 할까?

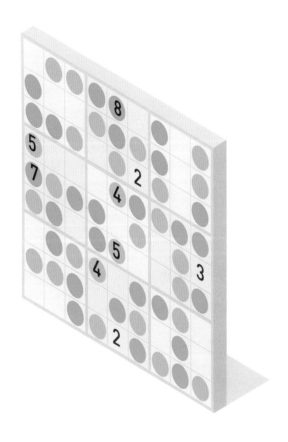

숫자는 그 숫자를 둘러싼 선의 개수를 뜻한다. 이 규칙에 맞게 점과 점을 이어 선을 그려보자. 선은 끊이지 않고 하나로 연결되어 있다. 선을 어떻게 그려야 할까?

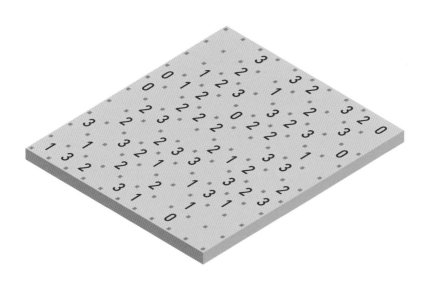

빨간색 원에서 출발해 다른 빨간색 원에 도착해야 한다. 이때 각 줄의 끝에 적힌 숫자는 해당 줄에서 선으로 이어진 점의 개수(빨간색 점도 포함)를 뜻한다. 예를 들어 숫자가 4라면 그 줄의 점이 한 개, 세 개 또는 두 개, 두 개가 이어져 선 두 개로 연결되어 있거나 또는 점 네 개가 선 하나로 연결되어 있다는 뜻이다. 규칙에 맞게 선을 그어보자. 선을 어떻게 그어야 할까?

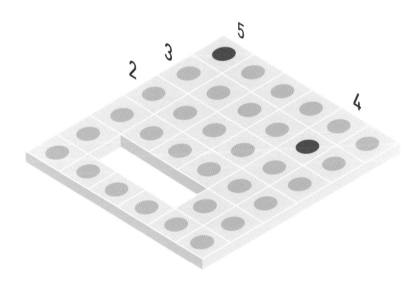

아래의 각 칸에는 탑이 세워져 있고, 칸에 들어갈 숫자는 그 탑의 높이를 나타낸다. 이때 칸 둘레에 적힌 숫자는 그 위치에서 해당 줄을 봤을 때 보이는 탑의 개수를 말한다. 예를 들어 5가 적혀 있다면 그 위치에서 줄을 봤을 때 탑이 다섯 개 보인다는 뜻이다. 탑 다섯 개가 모두 보이려면 가장 낮은 탑부터 가장 높은 탑까지 순서대로 보여야 하므로 1, 2, 3, 4, 5가 들어가야 한다. 또한 각 가로줄과 세로줄에는 숫자 1~5가 한 번씩만 들어간다. 규칙에 맞게 숫자를 넣어보자. 숫자를 어떻게 채워야 할까?

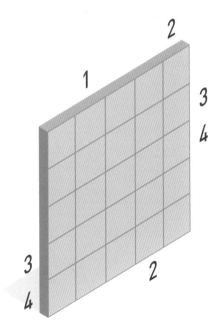

각 가로줄과 세로줄에 숫자 1~7이 한 번씩만 들어가야 한다. 각 줄에
적힌 숫자는 화살표 방향에 따라 대각선으로 이어지는 숫자들을 더한 값
을 뜻한다. 숫자를 어떻게 채워야 할까?

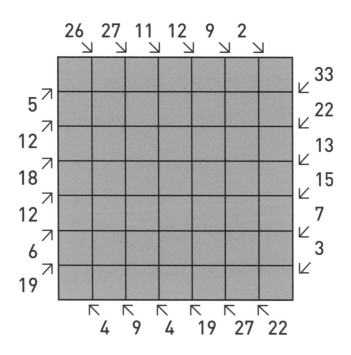

아래 숫자 표는 두 숫자를 이은 조각들이 붙어 있다. (0-0)부터 시작해 (0-1), (0-2), (0-3)~(6-4), (6-5), (6-6)까지 왼쪽 숫자 표를 활용해 조각들을 찾아보자. 조각을 어떻게 나눠야 할까?

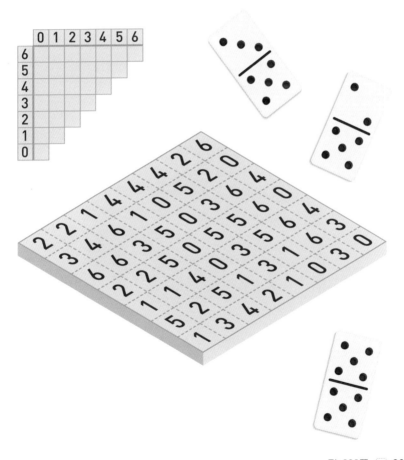

아래 그림을 같은 모양의 조각 네 개로 나눠야 한다. 단 거울에 반사했을 때 같은 모양인 조각은 같은 모양으로 간주하지 않는다. 아래 그림을 어떻게 나눠야 할까?

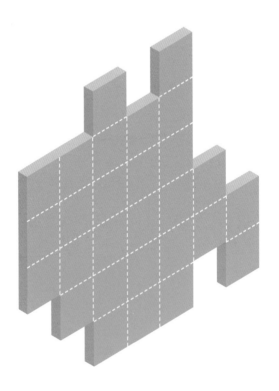

각 가로줄과 세로줄에 숫자 1~8이 한 번씩만 들어가야 한다. 칸과 칸 사이에 찍힌 분홍색, 빨간색 점은 각각 규칙이 있다. 분홍색 점으로 이어진 칸의 숫자는 1과 2처럼 연속한 숫자여야 하고, 빨간색 점으로 이어진 칸의 숫자는 2와 4처럼 한 숫자가 다른 숫자에 2를 곱한 값이 들어가야 한다. 단 1과 2가 붙어 있는 경우, 분홍색 점 또는 빨간색 점 중 한 점만 표시된다. 빈칸에 숫자를 어떻게 채워야 할까?

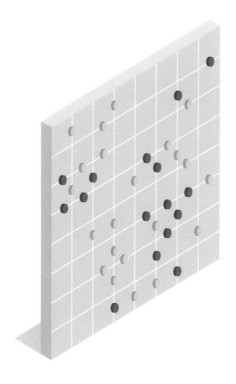

아래 그림에 그려진 원의 숫자와 색깔을 살펴보자. 원에 적힌 숫자는 그 원을 지나는 선의 개수를 뜻한다. 선은 원과 원을 이어 수평 또는 수직으로 그려야 하며 원 두 개를 잇는 선의 개수는 최대 두 개다. 모든 원이 연결되어야 한다. 선을 어떻게 그려야 할까?

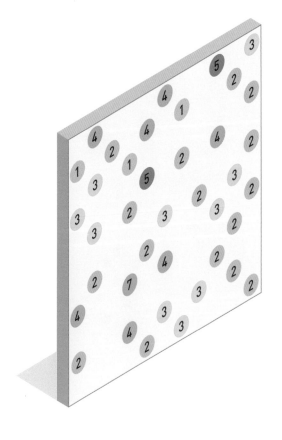

과녁 앞에 숫자들이 적혀 있다. 이 숫자들은 과녁의 각 둘레에서 숫자 하나씩을 맞혀 더한 값이다. 이 숫자들이 나오려면 숫자를 어떻게 맞혀야 할까?

노란색 칸에 숫자 1~9를 적는 문제다. 주황색 칸에 적힌 숫자는 해당 노란색 열 또는 행(연속된 칸에 한함)에 적힌 숫자의 합이다. 예를 들어 왼쪽 위쪽에 적힌 숫자 11은 그 아래 노란색 두 칸에 적힌 숫자의 합이 11이란 뜻이다. 노란색 칸에 숫자를 어떻게 채워야 할까?

각 행과 열 끝에 숫자들이 적혀 있다. 해당 줄에 그 숫자만큼의 칸을 색 칠해야 하는 규칙이다. 숫자가 두 개 이상인 경우, 색칠한 칸들이 한 칸 이상 떨어져 있다는 뜻이다. 규칙에 따라 색을 칠하면 어떤 그림이 나타 난다. 색을 어떻게 칠해야 할까?

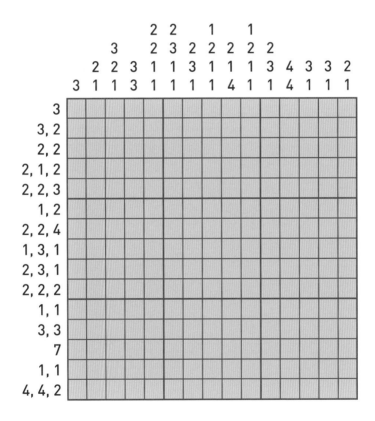

MENSA PUZZLE

멘사퍼즐 아이큐게임

해답

001

002

003

004

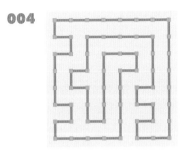

005

006

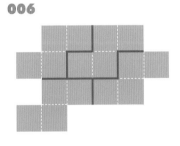

007

008

```
        3 2 3 4 3 3 1 5 4 5
     3
     2
     4
     3
     5
     3
     4
     4
     2
     3
```

009

	5	2	3	2	1	
5	1	2	3	4	5	1
2	2	5	4	1	3	3
3	3	4	2	5	1	2
2	4	1	5	3	2	2
1	5	3	1	2	4	2
	1	3	2	3	2	

010

```
     25  11  5  10  3
  5↗  5   4   2   1   6   3  ↘14
  6↗  2   1   6   5   3   4  ↙12
  9↗  6   3   5   4   2   1  ↙12
 14↗  4   6   1   3   5   2  ↙7
 23↗  1   5   3   2   4   6  ↙5
      3   2   4   6   1   5
       ↖3 ↖3 ↖13 ↖21 ↖9
```

011

5	0	2	1	3	3	3	0
3	3	2	4	6	5	4	4
2	2	2	4	6	5	1	2
0	4	1	6	1	6	6	3
5	6	1	5	2	3	1	0
6	3	2	0	5	5	4	0
0	0	6	1	5	1	4	4

012

C	B	F	E	D	A
E	D	A	C	B	F
B	F	E	D	A	C
A	C	B	F	E	D
F	E	D	A	C	B
D	A	C	B	F	E

013

```
 3  3  3        0
 1        2
 1     3        2  1
 3  2     3        1
       1           1
 0        2  3  1
```

014

7	8	5	4	1	2	3	6	9
3	6	2	9	8	7	5	1	4
1	9	4	6	5	3	2	7	8
4	2	3	1	7	8	6	9	5
9	1	8	5	3	6	7	4	2
6	5	7	2	4	9	1	8	3
8	7	1	3	2	4	9	5	6
2	4	9	7	6	5	8	3	1
5	3	6	8	9	1	4	2	7

015

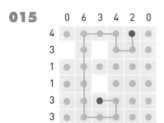

```
     0 6 3 4 2 0
  4
  3
  1
  1
  3
  3
```

016

Kakuro solution:

```
17  7              6  4
12  8  4    16        3 5  2  1
19  9  2  8      8    4  1  3
     4  1  3    8 12  4  1  3
           9    5  1  3    24
        23 11 8 2  1  8       11
     17 16  6  2  9    16   9  7
  22  7  9  6         10    7  1  2
  17  9  8                4  3  1
```

017

018

```
3 5 7 2 1 8 4 6
7 8 1 6 2 3 5 4
6 3 2 1 5 4 8 7
5 1 4 8 6 7 3 2
4 2 5 7 8 1 6 3
8 4 6 3 7 2 1 5
1 7 3 5 4 6 2 ·
2 6 8 4 3 5 7 1
```

019

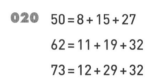

020

50 = 8 + 15 + 27
62 = 11 + 19 + 32
73 = 12 + 29 + 32

021

```
2   4   3   5   1
^
3   1   5   4   2
            v
1 < 2   4 > 3 < 5
            v
5   3   2   1   4
    ^           v
4   5   1 < 2 < 3
```

022

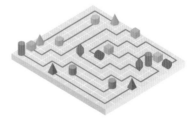

023

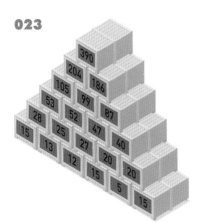

026

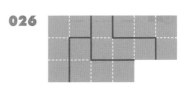

027

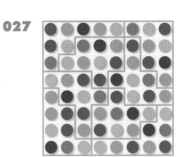

024

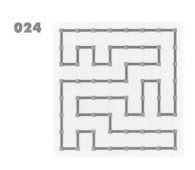

028

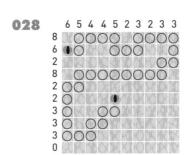

025

029

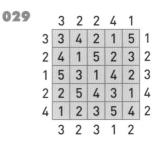

030

Top: 21 14 7 10 6
Left: 2 9 6 8 23
Right: 22 17 6 6 1
Bottom: 4 10 15 11 13

2	3	4	1	5	6
6	1	2	4	3	5
1	2	5	6	4	3
3	4	1	5	6	2
5	6	3	2	1	4
4	5	6	3	2	1

034

8	4	1	5	7	2	9	3	6
9	2	3	6	8	1	7	4	5
7	5	6	9	4	3	8	2	1
2	3	5	7	9	6	4	1	8
1	6	8	3	2	4	5	7	9
4	9	7	8	1	5	3	6	2
6	7	2	4	5	9	1	8	3
5	1	4	2	3	8	6	9	7
3	8	9	1	6	7	2	5	4

031

1	6	3	1	4	0	4	3
2	5	0	5	6	6	4	1
3	5	1	2	1	6	2	3
3	1	1	5	5	3	2	1
2	2	4	2	6	6	0	3
4	4	6	5	0	4	4	5
0	3	2	5	6	0	0	0

035

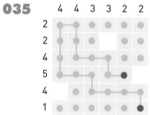

Top: 4 4 3 3 2 2
Left: 2 2 4 5 4 1

032

B	D	C	F	A	E
F	A	E	B	D	C
E	B	D	C	F	A
C	F	A	E	B	D
A	E	B	D	C	F
D	C	F	A	E	B

036

		10	15	4				
	7	2	4	1	11		14	9
	11	1	2	3	5	17/7	9	8
	16	7	9	11/22	3	5	2	1
	6	14	8	1	2	3		
	10/4	3	1	4	2	6		
13	3	1	2	7	4	3	1	
3	1	2	11	3	1	2	5	
		6	3	1	2			

033

1	1		0
2		1	1
3	2	2	3
2	3	2	2
1	2		3
3		2	3

037

041

3 > 2	6	5 > 4	1
6	5 4	1	3 > 2
2 < 3	1	6 > 5	4
5	1 2	4	6 3
4	6 3	2	1 5
1	4 < 5	3 > 2	6

038

5	7	3	2	8	6	1	4
8	2	6	3	1	4	7	5
3	6	4	8	7	1	5	2
6	4	8	5	2	7	3	1
2	3	7	1	5	8	4	6
1	8	5	4	3	2	6	7
4	5	1	7	6	3	2	8
7	1	2	6	4	5	8	3

042

039

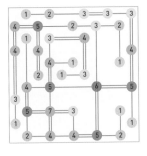

040

44 = 10 + 18 + 16

66 = 32 + 18 + 16

88 = 40 + 11 + 37

043

342

188   154

102   86   68

55   47   39   29

30   25   22   17   12

15   15   10   12   5   7

044

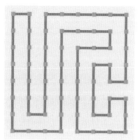

047

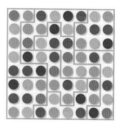

045

30x 2	5÷ 1	5	17+ 6	4	16+ 3	7
5	3	1	2	12+ 7	6	72x 4
13+ 7	6	4	1− 1	5	5+ 2	3
72x 4	245x 5	7	3	2	1	6
3	7	12x 6	5	252x 1	2÷ 4	2
6	2+ 4	2	7	3	11+ 5	1
1	2	3	4	13+ 6	7	5

048

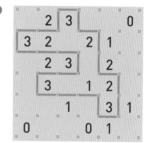

046

```
        16  17  10   4   6
         ↓   ↓   ↓   ↓   ↓
```

3	4	5	1	2	6	↘ 15
1	6	3	5	4	2	↙ 23
6	1	4	2	3	5	↙ 13
5	2	1	3	6	4	↙ 2
4	3	2	6	5	1	↙ 3
2	5	6	4	1	3	

3 ↗ 5 ↙ 17 ↗ 10 ↗ 17 ↗

```
         ↖   ↖   ↖   ↖   ↖
         2   9  14  14  10
```

049

050

218

051

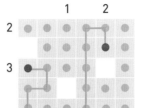

052

	3	5	4	2	1	4
5	1	2	3	4	5	
1	5	1	2	3	4	
	4	3	5	1	2	2
3	2	4	1	5	3	
		1		3		

053

A	B	D	E	C	G	F
C	E	G	A	F	B	D
G	A	F	B	D	C	E
F	D	C	G	E	A	B
E	G	A	F	B	D	C
D	F	B	C	G	E	A
B	C	E	D	A	F	G

054

2	5	2	6	1	6	6	3
2	4	0	3	3	4	1	2
2	0	1	4	4	3	1	4
1	0	6	1	4	3	2	0
5	0	2	0	1	6	4	2
1	3	6	5	5	5	3	5
4	6	3	0	5	5	6	0

055

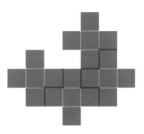

056

1	3	8	6	7	4	5	2
3	6	2	7	5	1	4	8
7	5	4	1	8	2	6	3
6	2	5	3	1	7	8	4
2	1	7	8	4	6	3	5
4	7	3	5	6	8	2	1
8	4	6	2	3	5	1	7
5	8	1	4	2	3	7	6

057

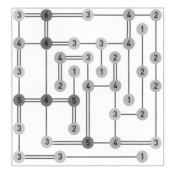

058

$$45 = 14 + 9 + 22$$
$$60 = 14 + 24 + 22$$
$$85 = 30 + 24 + 31$$

059

2	1				1	3
1	3	4	5	2	2	1
		2	3	1	6	4
	4	1	2		1	5
	8	7		1	2	3
	6	3	1	2	4	
1	2		3	4	5	2
3	1				3	1

060

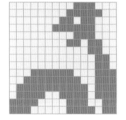

061

1	2	6	3	5	4
4	3	5	6	2	1
5	1	3	4	6	2
6	4	2	1	3	5
2	6	4	5	1	3
3	5	1	2	4	6

062

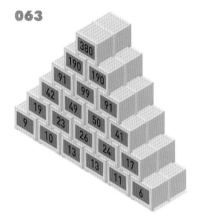

7	4	8	3	9	2	6	5	1
1	9	6	8	5	4	2	3	7
2	5	3	1	7	6	8	4	9
4	1	2	7	3	8	5	9	6
5	6	9	2	4	1	3	7	8
3	8	7	9	6	5	4	1	2
9	3	5	6	8	7	1	2	4
6	2	4	5	1	9	7	8	3
8	7	1	4	2	3	9	6	5

063

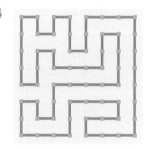

- 380
- 190, 190
- 91, 99, 91
- 42, 49, 50, 41
- 19, 23, 26, 24, 17
- 9, 10, 13, 13, 11, 6

064

065

10+ 6	3- 7	1	3	84x 2	20x 4	105x 5
4	6x 2	6÷ 6	1	7	5	3
6x 2	3	1- 5	4	1	6	7
3	96x 4	210x 7	5	6	1	4- 2
1- 5	1	3	2- 2	4	4- 7	6
1	30x 6	2	12+ 7	5	3	5+ 4
7	5	4	1÷ 6	3	2	1

066

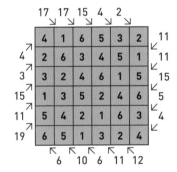

067

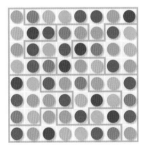

068

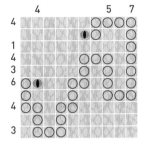

069

3	3	3	3	2	2	3	3
1		1		0			1
3	2		3	1			3
2		2		0		1	3
3	3		3		3		2
3		2			2		1
3			2			2	1
3	2	3	3	2	3	3	3

070

071

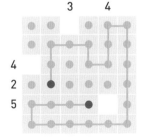

221

072

2

1	5	4	3	2
5	4	2	1	3
2	1	3	4	5
4	3	5	2	1
3	2	1	5	4

4 (top right), 4 (left row 3), 3 (right row 4), 2 (left row 5)

3

073

F	E	C	G	D	A	B
G	A	D	B	E	C	F
E	B	G	C	F	D	A
D	C	F	A	B	G	E
A	G	B	E	C	F	D
B	D	A	F	G	E	C
C	F	E	D	A	B	G

074

2	0	1	0	0	0	0	5
2	4	1	5	5	6	2	3
4	1	3	6	5	6	0	3
4	2	1	5	0	3	2	3
4	4	5	6	4	3	6	0
3	4	5	2	4	6	2	1
1	6	5	6	2	3	1	1

075

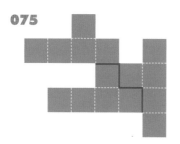

076

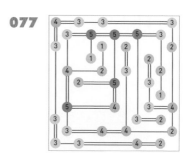

077

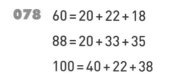

078

60 = 20 + 22 + 18

88 = 20 + 33 + 35

100 = 40 + 22 + 38

079

080

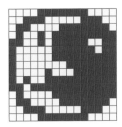

081

3	2 >	1 <	6	4	5
1 <	3	6	5	2 <	4
		∨	∨		
4	1 <	5	2	6 >	3
∧					∨
6	5 >	4	1	3	2
5	4	2	3 >	1	6
	∧	∧	∧		
2	6	3 <	4 <	5	1

082

083

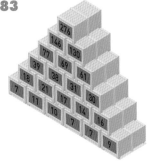

084

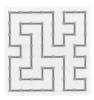

085

8x 2	7x 1	7	35x 5	120x 4	18x 6	3
4	3- 5	72x 3	7	6	10+ 2	6- 1
2+ 6	2	4	11+ 3	5	1	7
3	13+ 4	6	2	21x 1	7	9+ 5
8+ 1	3	2- 2	6	7	9+ 5	4
7	6	5	5+ 1	3	4	3÷ 2
2- 5	7	1	4	5+ 2	3	6

086

	10↓	21↓	15↓	3↓	3↓		
4↗	4	2	6	5	1	3	↙19
5↗	3	4	1	6	5	2	↙16
16↗	6	1	4	2	3	5	↙13
8↗	1	5	2	3	4	6	↙3
18↗	2	3	5	4	6	1	↙4
	5	6	3	1	2	4	
	↖5	↖8	↖7	↖17	↖12		

087

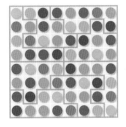

088

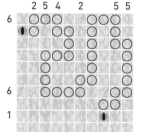

089

```
        4     2
    4   1   5   3   2
    5   2   3   1   4
4   2   3   4   5   1
    1   5   2   4   3
    3   4   1   2   5
    2               1
```

090

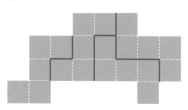

091

1	5	1	2	5	2	6	0
1	3	3	1	4	2	2	5
3	5	0	6	1	5	4	6
6	0	6	0	2	5	4	1
3	4	6	2	0	4	1	4
5	3	3	6	3	4	3	6
5	1	0	2	2	4	0	0

092

F	C	E	A	B	D	G
A	D	B	G	F	E	C
B	E	A	C	D	G	F
D	G	F	E	A	C	B
E	B	C	D	G	F	A
C	A	G	F	E	B	D
G	F	D	B	C	A	E

093

094

095

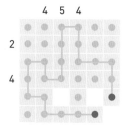

096

12	3	9	5				4 20	1	3
6	1	2	3	6		12	9	2	1
	13	8	2	3	9	12	8	4	
			8	1	4	3			
	6	1	2	3	4				
5 11	2	3	8	2	1	5	11		
7	2	1	4		14	3	1		
12	9	3				3	1	2	

097

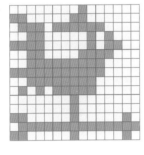

098

2	1	3	4	5	8	6	7
4	6	2	8	7	5	3	1
5	8	7	1	3	6	2	4
1	2	5	3	6	7	4	8
8	5	4	6	2	1	7	3
6	3	8	7	4	2	1	5
3	7	6	5	1	4	8	2
7	4	1	2	8	3	5	6

099

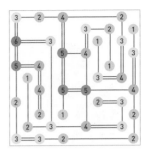

100

$$60 = 30 + 11 + 19$$
$$85 = 40 + 31 + 14$$
$$93 = 30 + 38 + 25$$

101

4 >	3 >	2 >	1	5 <	6
5	1	6	3	4 >	2
6	2 >	1	4	3	5
1	5	3	2 <	6	4
3	6	4 <	5	2	1
2	4	5 <	6	1	3

102

225

103

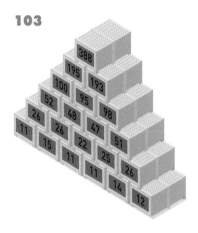

106

B	C	D	A	G	F	E
E	F	G	B	D	C	A
D	A	C	F	E	G	B
C	G	E	D	B	A	F
F	B	A	G	C	E	D
G	D	F	E	A	B	C
A	E	B	C	F	D	G

104

107

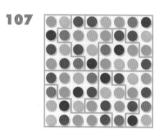

108

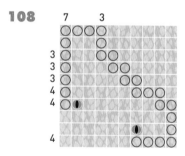

105

109

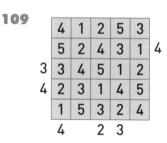

110

19 15 19 21 7 3

2	6	4	1	7	5	3	23
5	4	1	3	6	7	2	21
4	2	3	5	1	6	7	18
7	1	5	4	3	2	6	14
1	7	6	2	4	3	5	2
3	5	7	6	2	4	1	4
6	3	2	7	5	1	4	

Left: 2, 11, 12, 11, 15, 31

Bottom: 6 6 8 28 22 17

111

3	6	6	3	3	4	6	5
4	1	3	2	2	1	2	6
1	1	0	6	5	5	4	2
5	4	3	3	0	4	4	0
6	0	1	2	5	4	5	0
2	1	5	0	4	3	3	0
2	5	6	6	2	0	1	1

112

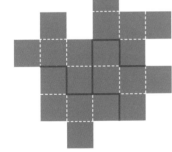

113

3	2			3	2	1	3
3		2				2	3
3	0	1	2	3	2		3
3		3		1		1	3
3	1			3			2
2		3	2	3	1	3	2
2	2				1		1
3	2	1	0			2	3

114

8	9	2	3	7	6	4	1	5
1	6	3	4	5	9	2	8	7
4	7	5	8	2	1	9	3	6
3	1	9	5	6	8	7	2	4
6	2	7	9	1	4	8	5	3
5	4	8	2	3	7	6	9	1
2	8	6	1	4	5	3	7	9
7	3	1	6	9	2	5	4	8
9	5	4	7	8	3	1	6	2

115

1   4   4

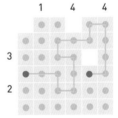

3

2

116

2	8	•	7	4	1	6	•	3	5
8	•	4	1	7	3	•	2	5	• 6
1	3	5	2	8	•	4	6	•	7
7	•	6	4	•	3	5	8	2	• 1
4	•	5	3	•	6	2	7	1	8
3	7	•	8	5	•	6	1	4	• 2
6	1	•	2	8	•	4	• 5	7	3
5	2	6	1	7	3	8	•	4	

227

117

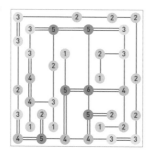

118

$$44 = 15 + 9 + 20$$
$$67 = 15 + 27 + 25$$
$$77 = 11 + 27 + 39$$

119

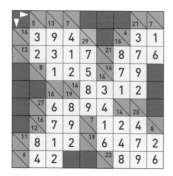

120

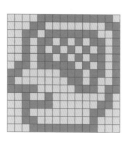

121

1	4	7	6	5	2	3
3	7	6	1	2	5	4
6	3	5	7	1	4	2
4	5	2	3	6	1	7
5	6	4	2	7	3	1
2	1	3	5	4	7	6
7	2	1	4	3	6	5

122

123

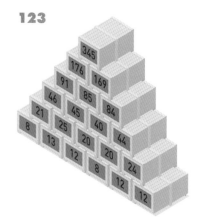

228

18+ 4	84x 1	90x 2	3	210x 7	5	6
6	2	3	5	224x 1	7	4
5	7	6	2	4	2− 1	3
3	140x 4	14x 7	1	2	6	70x 5
7	5	16+ 1	6	72x 3	4	2
1	3	5	840x 4	6	2	7
48x 2	6	4	7	5	3	1

126

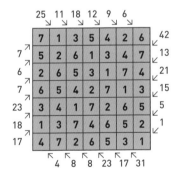

25 11 18 12 9 6

	7	1	3	5	4	2	6	42
7	5	2	6	1	3	4	7	13
6	2	6	5	3	1	7	4	21
7	6	5	4	2	7	1	3	15
23	3	4	1	7	2	6	5	5
18	1	3	7	4	6	5	2	1
17	4	7	2	6	5	3	1	

4 8 8 23 17 31

127

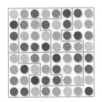

128

8 3 2 4 3   3

129

1	3	1		0	0		1	0
2		2		0		1	3	2
3		1		0			2	2
	2	3	1	3	2	0		2	2
3		2		1	1		2	2
1	3		3		3		2	
2	2		2	0	1	2	1	3
3		3		1	3			3
	2	2	2		3	3		3
	2	3		2	3	3	1	3

130

131

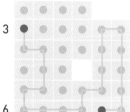

135

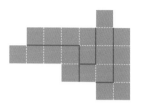

132

5	1	4	2	3	3
4	3	2	1	5	
3 2	4	5	3	1	3
3	5	1	4	2	3
4 1	2	3	5	4	

4   2

136

8	6	•	7	5	•	4	1	•	2	•	3
6	•	3	•	4	•	8	1	•	2	5	7
3	7	2	•	4	6	•	5	1	8		
7	1	5	3	•	2	•	4	•	8	6	
2	5	1	6	•	3	8	•	7	4		
4	•	2	8	1	7	•	6	•	3	5	
5	•	4	•	3	•	2	8	•	7	•	6	1
1	8	6	•	7	5	3	•	4	•	2	

133

D	G	F	C	H	E	B	A
A	H	E	B	F	C	D	G
F	B	A	D	E	G	H	C
C	D	G	H	B	A	E	F
H	E	C	A	D	F	G	B
B	F	D	G	C	H	A	E
G	C	B	E	A	D	F	H
E	A	H	F	G	B	C	D

137

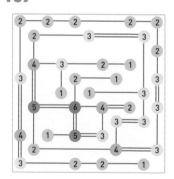

134

3	4	0	4	0	6	5	5
6	1	5	4	5	0	1	3
3	3	1	2	3	2	4	2
1	3	6	6	6	1	5	4
3	2	6	0	2	0	0	6
3	0	5	6	2	2	4	0
4	1	5	2	5	4	1	1

138
$55 = 32 + 8 + 15$

$65 = 26 + 24 + 15$

$76 = 26 + 16 + 34$

139

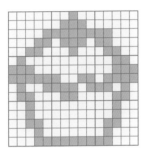

140

141

1	7	3 >	2	5	6	4
2 <	3	7	1	4 <	5	6
7 >	6 >	5 >	4 >	3 >	1	2
6	5	2	7	1	4 >	3
3	4	1	5 <	6	2	7
4	1	6	3 >	2	7 >	5
5	2 <	4	6 <	7 >	3	1

142

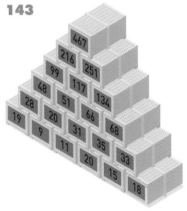

8	1	4	5	3	7	9	6	2
9	6	2	1	8	4	5	3	7
5	3	7	9	2	6	4	1	8
1	9	6	2	7	3	8	4	5
3	4	8	6	5	9	2	7	1
2	7	5	8	4	1	6	9	3
6	8	3	7	9	5	1	2	4
7	5	9	4	1	2	3	8	6
4	2	1	3	6	8	7	5	9

143

144

145

```
        3       3
    4  2  5  3  1   3
    3  1  2  4  5
 1  5  4  3  1  2   4
    1  5  4  2  3
 3  2  3  1  5  4
        2  3  2
```

146

D	A	B	H	F	C	E	G
C	G	D	A	E	H	B	F
A	F	H	C	B	G	D	E
H	E	A	G	D	F	C	B
G	C	F	B	H	E	A	D
F	B	G	E	A	D	H	C
E	H	C	D	G	B	F	A
B	D	E	F	C	A	G	H

147

1	5	0	1	0	0	5	4
3	4	3	6	6	2	0	5
5	4	1	3	6	5	5	2
1	5	5	0	1	2	4	2
0	6	1	4	4	6	6	4
3	3	3	1	4	3	2	3
2	2	6	1	0	2	0	6

148

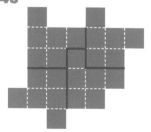

149

7+ 2	5	60x 4	15x 3	7x 7	1176x 6	2x 1
18x 6	3− 4	3	5	1	7	2
3	1	5	192x 6	2	4	7
14+ 4	3	7	2	12+ 6	1	5
84x 1	7	2	4	60x 5	1− 3	2÷ 6
35x 5	6	6x 1	7x 7	4	2	3
7	2	6	1	3	9+ 5	4

150

```
      22  20  12   7  12   7
       ↓   ↓   ↓   ↓   ↓   ↓
  3↗    3   5   4   1   2   6   7   ↙28
 26↗    5   7   2   3   1   4   6   ↙26
 10↗    7   2   3   6   4   5   1   ↙15
 18↗    2   6   1   4   3   7   5   ↙11
  7↗    1   4   7   5   6   3   2   ↙4
 15↗    4   1   6   7   5   2   3   ↙4
 22↗    6   3   5   2   7   1   4   ↙
       ↙   ↖   ↖   ↖   ↖   ↖
        6   7   7  14  34  19
```

151

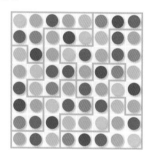

152

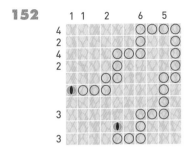

156

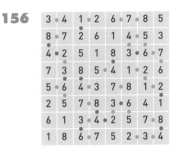

153

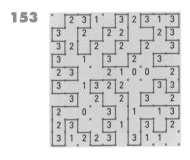

157

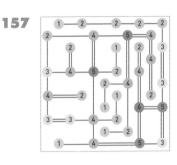

154

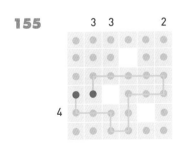

158

$$60 = 13 + 27 + 20$$
$$65 = 25 + 22 + 18$$
$$80 = 38 + 22 + 20$$

159

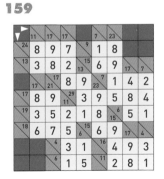

155

160

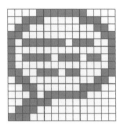

161

B	E	G	A	F	C	H	D
G	D	C	H	E	A	F	B
F	A	B	D	C	H	E	G
E	H	F	G	B	D	A	C
D	C	A	E	H	G	B	F
H	G	D	B	A	F	C	E
A	F	E	C	D	B	G	H
C	B	H	F	G	E	D	A

162

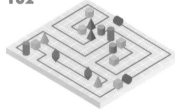

163

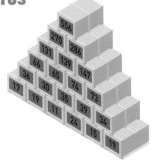

164

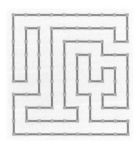

165

36+ 5	12x 1	2	6	120x 8	72x 4	3	14x 7
7	8	20x 4	1	5	3	6	2
6	2	5	3- 8	7x 1	7	12x 4	3
1	7	48x 6	2	3	30x 5	32x 8	4
7+ 4	3	8	60x 5	2	6	30+ 7	1
15x 3	5	11+ 7	4	6	3- 1	2	8
16x 2	1- 6	63x 3	7	4	8	1	5
8	4	1	3	14+ 7	2	5	6

166

7 >	4	6	5	2	3	1
4 >	3 < 5	2	7	1	6	
5	1	3 < 6	4 > 2	7		
3	2	1	7 > 6	4 < 5		
2	7	4	1	5	6	3
6 > 5 > 2 < 3	1	7 > 4				
1	6	7	4 > 3	5	2	

167

 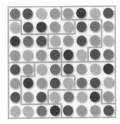

171

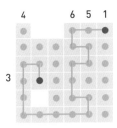

168

1	1	1	2	8	3

172

2

4	3	2	1	5
2	5	1	3	4
1	4	5	2	3
5	1	3	4	2
3	2	4	5	1

3 (left of row 3), 3 (left of row 5)

3   5

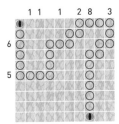

169

1	3	7	9	2	8	5	6	4
8	2	4	6	1	5	3	9	7
9	5	6	3	7	4	2	1	8
4	1	3	5	9	2	7	8	6
5	7	2	8	4	6	9	3	1
6	9	8	1	3	7	4	2	5
7	4	1	2	6	9	8	5	3
2	6	5	4	8	3	1	7	9
3	8	9	7	5	1	6	4	2

173

32 25 5 9 8 6

1	3	7	2	5	4	6	14
3	7	6	5	1	2	4	12
7	5	4	6	3	1	2	15
4	2	5	7	6	3	1	21
5	4	3	1	2	6	7	10
2	6	1	3	4	7	5	3
6	1	2	4	7	5	3	

1 6 21 17 21 22 (left side)

6 3 13 13 22 23 (bottom)

170

174

0	1	3	3	1	3	5	3
6	6	5	5	1	4	1	4
0	0	4	4	5	6	1	5
2	4	3	0	6	0	2	2
4	2	2	5	6	6	5	6
6	3	0	4	2	0	1	4
0	1	2	5	1	3	2	3

175

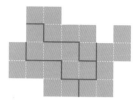

176

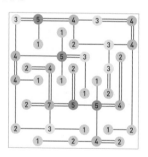

1	5	7	8	4	3	6	2
4	2	1	7	8	6	5	3
2	1	3	6	5	8	4	7
6	8	4	3	1	2	7	5
5	3	6	4	7	1	2	8
8	7	5	2	3	4	1	6
7	6	8	1	2	5	3	4
3	4	2	5	6	7	8	1

177

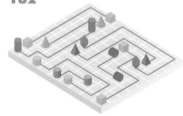

178

$$55 = 24 + 20 + 11$$
$$68 = 25 + 20 + 23$$
$$85 = 36 + 40 + 9$$

179

180

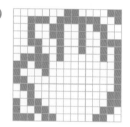

181

D	F	G	C	H	E	A	B
C	A	H	E	D	B	F	G
F	B	D	A	G	H	C	E
H	E	C	B	F	D	G	A
B	G	F	H	A	C	E	D
E	D	A	G	B	F	H	C
A	H	E	D	C	G	B	F
G	C	B	F	E	A	D	H

182

183

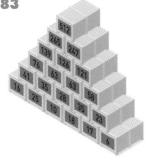

184

185

288x 6	8	12x 4	3	40x 5	168x 1	2	7
1	6	2- 5	7	2	3	4	384x 8
960x 3	3- 7	5÷ 1	5	4	48x 8	6	2
5	1	8	14+ 8	6	14x 2	7	4
2	4- 4	8	6- 1	7	16+ 5	3	6
4	30x 5	5	12+ 2	21x 3	7	8	1
8	588x 2	7	6	4+ 1	4	75x 5	3
7	3	2	4	14+ 8	6	1	5

186

2	5	3	7 > 6	1	4 ^
6	1	4 > 3 > 2	7	5 ^
1	3 < 5	2	7	4 ^
4	2	6	1	5	3 ∨
5	7	1	6	4	2 < 3
3 < 4 < 7	5	1	6 > 2 ^
7 > 6	2	4	3 < 5	1

187

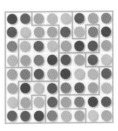

188

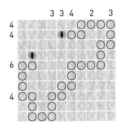

189

3	5	6	9	8	1	7	2	4
8	2	1	5	7	4	9	3	6
9	7	4	3	6	2	5	1	8
5	1	3	2	4	9	6	8	7
7	4	9	8	1	6	2	5	3
6	8	2	7	5	3	1	4	9
2	9	5	4	3	7	8	6	1
4	6	8	1	9	5	3	7	2
1	3	7	6	2	8	4	9	5

190

191

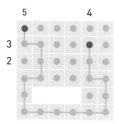

194

2	2	1	4	4	4	2	6
3	4	6	1	0	5	2	0
6	6	3	5	0	3	6	4
2	2	5	0	5	5	6	0
1	1	4	0	3	5	6	4
5	2	5	1	3	1	6	3
1	3	4	2	1	0	3	0

192

    1   2

3	5	1	2	4	
4	2	5	3	1	3
5	4	3	1	2	4
2	1	4	5	3	
1	3	2	4	5	

3 (left of row 4), 4 (left of row 5)

           2

195

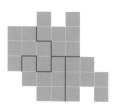

196

6	7	4	3	1	5	2	8
8	2	5	1	7	3	6	4
4	3	6	8	2	7	5	1
2	6	1	5	4	8	7	3
7	4	3	2	6	1	8	5
5	1	8	7	3	2	4	6
3	5	7	6	8	4	1	2
1	8	2	4	5	6	3	7

193

26 27 11 12 9 2

	5	6	7	3	1	4	2	33
5	6	4	3	1	2	7	5	22
12	7	3	1	2	6	5	4	13
18	3	2	4	5	7	6	1	15
12	1	5	6	4	3	2	7	7
6	2	1	5	7	4	3	6	3
19	4	7	2	6	5	1	3	

4 9 4 19 27 22

197

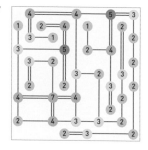

198   57 = 20 + 22 + 15
73 = 28 + 9 + 36
89 = 27 + 22 + 40

199

200

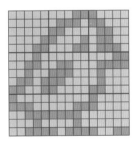

멘사코리아

주소: 서울시 서초구 언남9길 7-11, 5층

전화: 02-6341-3177

E-mail: admin@mensakorea.org

—

옮긴이 이은경

광운대학교 영문학과를 졸업하였으며, 저작권에이전시에서 에이전트로 근무하였다. 현재 번역에이전시 엔터스코리아에서 출판 기획 및 전문 번역가로 활동하고 있다. 옮긴 책으로는 《수학올림피아드의 천재들》《세상의 모든 사기꾼들 : 다른 사람을 속이며 살았던 이들의 파란만장한 이야기》《왜 이유 없이 계속 아플까 : 병원 가도 알 수 없는 만성통증의 원인》《마음을 흔드는 한 문장 : 2200개 이상의 광고 카피 분석》등 다수가 있다.

멘사퍼즐 아이큐게임

IQ 148을 위한

1판 1쇄 펴낸 날 2020년 3월 5일

1판 2쇄 펴낸 날 2022년 12월 15일

지은이 | 개러스 무어

옮긴이 | 이은경

펴낸이 | 박윤태

펴낸곳 | 보누스

등   록 | 2001년 8월 17일 제313-2002-179호

주   소 | 서울시 마포구 동교로12안길 31

전   화 | 02-333-3114

팩   스 | 02-3143-3254

E-mail | bonus@bonusbook.co.kr

ISBN 978-89-6494-427-1 04410

• 책값은 뒤표지에 있습니다.

멘사 논리 퍼즐

필립 카터 외 지음 | 250면

멘사 문제해결력 퍼즐

존 브레너 지음 | 272면

멘사 사고력 퍼즐

켄 러셀 외 지음 | 240면

멘사 사고력 퍼즐 프리미어

존 브레너 외 지음 | 228면

멘사 수학 퍼즐

해럴드 게일 지음 | 272면

멘사 수학 퍼즐 디스커버리

데이브 채턴 외 지음 | 224면

멘사 수학 퍼즐 프리미어

피터 그라바추크 지음 | 288면

멘사 시각 퍼즐

존 브레너 외 지음 | 248면

멘사 아이큐 테스트

해럴드 게일 외 지음 | 260면

멘사 아이큐 테스트 실전편

조세핀 풀턴 지음 | 344면

멘사 추리 퍼즐 1

데이브 채턴 외 지음 | 212면

멘사 추리 퍼즐 2

폴 슬론 외 지음 | 244면

멘사 추리 퍼즐 3

폴 슬론 외 지음 | 212면

멘사 추리 퍼즐 4

폴 슬론 외 지음 | 212면

멘사 탐구력 퍼즐

로버트 앨런 지음 | 252면

멘사퍼즐 논리게임

브리티시 멘사 지음 | 248면

멘사퍼즐 사고력게임

팀 데도풀로스 지음 | 248면

멘사퍼즐 아이큐게임

개러스 무어 지음 | 248면

멘사퍼즐 추론게임

그레이엄 존스 지음 | 248면

멘사퍼즐 두뇌게임

존 브렘너 지음 | 200면

멘사퍼즐 수학게임

로버트 앨런 지음 | 200면

멘사코리아 사고력 트레이닝

멘사코리아 퍼즐위원회 지음 | 244면

멘사코리아 수학 트레이닝

멘사코리아 퍼즐위원회 지음 | 240면

멘사코리아 논리 트레이닝

멘사코리아 퍼즐위원회 지음 | 240면